Mathematik

Gymnasiale Oberstufe
Berlin
Leistungskurs MA-2

Lösungen

Herausgegeben von
Dr. Anton Bigalke   Dr. Norbert Köhler

Erarbeitet von
Dr. Anton Bigalke
Dr. Norbert Köhler
Dr. Horst Kuschnerow
Dr. Gabriele Ledworuski

unter Mitarbeit der Verlagsredaktion

Cornelsen

Umschlagfoto: Pressedienst Paul Glaser, Berlin
Grafik: Dr. Anton Bigalke, Waldmichelbach

**In den Marginalien wird die Seitennummer
der Aufgabenstellung im Lehrbuch angezeigt.**   **Beispiel:** **11**

Unter **www.cornelsen.de/bigalke-koehler** finden Sie Material, das die dem Buch beiliegende CD ergänzt.
Die Buchkennung lautet: MBK40012. Im Passwort-geschützten Lehrerbereich liegen z. B. die Lösungen zu den
Arbeitsblättern zum Download bereit: Einfach „Lehrer-Inhalte einblenden" anklicken und dann per Kunden-
nummer als Lehrer identifizieren.

www.cornelsen.de

Die Webseiten Dritter, deren Internetadressen in diesem Lehrwerk angegeben sind,
wurden vor Drucklegung sorgfältig geprüft. Der Verlag übernimmt keine Gewähr für
die Aktualität und den Inhalt dieser Seiten oder solcher, die mit ihnen verlinkt sind.

1. Auflage, 7. Druck 2024

Alle Drucke dieser Auflage sind inhaltlich unverändert
und können im Unterricht nebeneinander verwendet werden.

Druck: Esser printSolutions GmbH, Bretten

ISBN 978-3-06-040015-7

PEFC-zertifiziert
Dieses Produkt
stammt aus
nachhaltig
bewirtschafteten
Wäldern und
kontrollierten Quellen
PEFC/04-31-2851   www.pefc.de

Inhalt

I. Grundlagen der Integralrechnung 4

II. Anwendungen der Integralrechnung 11

III. Integrationsmethoden 22

IV. Funktionsuntersuchungen 32

V. Grundbegriffe der Wahrscheinlichkeitsrechnung 70

VI. Bedingte Wahrscheinlichkeiten und Vierfeldertafel 82

VII. Zufallsgrößen 91

VIII. Die Binomialverteilung 100

I. Grundlagen der Integralrechnung
Die Möndchen des Hippokrates

11

1. Zunächst die rechte Figur:
   Aus dem Quadrat (Kantenlänge 2a) sind 4 Viertelkreise (Radius a) abgetrennt.
   Also $A = (2a)^2 - \pi a^2 = a^2 (4 - \pi)$
   Linke Figur:
   Hier ergänzen sich 2 abgetrennte Teile zur rechten Figur.
   Daher: $A = (2a)^2 - 2a^2 (4 - \pi) = 2a^2 (\pi - 2)$

2. Die grau markierte Fläche erhält man, indem man von der Gesamtfläche den Inhalt der rot umrandeten Kreisfläche abzieht.
   Gesamtfläche: Quadrat + 4 Halbkreise: $(2a)^2 + 2a^2 \pi$
   roter Kreis: Radius $r = a\sqrt{2}$: $2a^2 \pi$
   Differenz: $(2a)^2 =$ Quadratfläche

3. Es liegen 3 Sichelflächen vor, die ähnlich sind zum Möndchen des Hippokrates (S. 10).
   Daher gilt: $A_2 = (\frac{a}{\sqrt{2}})^2 = \frac{a^2}{2} = A_3$, $A_1 = a^2 = A_2 + A_3$

4. Aus $a^2 + b^2 = c^2$ $\mid \cdot \frac{\pi}{8}$ folgt: $\frac{1}{2}(\frac{a}{2})^2 \pi + \frac{1}{2}(\frac{b}{2})^2 \pi = \frac{1}{2}(\frac{c}{2})^2 \pi$, d.h.: $H_a + H_b = H_c$
   Die große Halbkreisfläche H_c hat den gleichen Inhalt wie die beiden kleinen Halbkreisflä-che H_a und H_b zusammen.
   Spiegelt man H_c an der Seite c, so decken sich die drei Halbkreise teilweise. Der verblei-bende Rest muss also ebenfalls gleichen Inhalt besitzen:
   Dreiecksfläche = Sichel A + Sichel B.

5. Rote Fläche = großer Halbkreis – Halbkreis mit $r = \frac{a}{2}$ – Halbkreis mit $r = \frac{b}{2}$
   $A_r = \frac{1}{2}(\frac{a+b}{2})^2 \pi - \frac{1}{2}(\frac{a}{2})^2 \pi - \frac{1}{2}(\frac{b}{2})^2 \pi = \frac{1}{4}ab\pi$
   Nach Thales ist jedes Dreieck über dem Durchmesser mit der dritten Ecke auf dem Kreis rechtwinklig. Also ist c die Höhe eines solchen Dreiecks.
   Höhensatz: $h^2 = qp$ bzw. $c^2 = ab$: $A_r = \frac{1}{4}ab\pi = \frac{1}{4}c^2 \pi$

1. Die Streifenmethode des Archimedes

13

15

1. $U_{16} = \frac{1}{16}[(\frac{1}{16})^2 + (\frac{2}{16})^2 + ... + (\frac{15}{16})^2] = 0,3$ 2.
   $O_{16} = \frac{1}{16}[(\frac{1}{16})^2 + (\frac{2}{16})^2 + ... + (\frac{15}{16})^2 + 1] = 0,37$

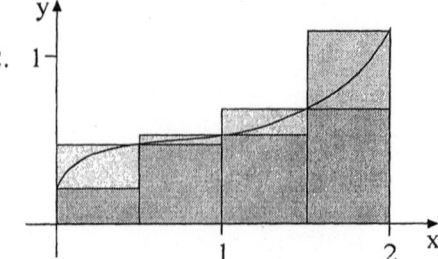

3. a) $U_4 = \frac{1}{4}[1 + 1 + \frac{1}{4} + 1 + \frac{1}{2} + 1 + \frac{3}{4}] = \frac{11}{8}$, $O_4 = \frac{1}{4}[1 + \frac{1}{4} + 1 + \frac{1}{2} + 1 + \frac{3}{4} + 2] = \frac{13}{8}$ **15**

   $U_8 = \frac{23}{16}$, $O_8 = \frac{25}{16}$

   b) $U_4 = \frac{3}{2}$, $O_4 = \frac{5}{2}$, $U_8 = \frac{7}{4}$, $O_8 = \frac{9}{4}$

   c) $U_4 = \frac{7}{64}$, $O_4 = \frac{15}{64}$, $U_8 = \frac{35}{256}$, $O_8 = \frac{51}{256}$

   d) $U_4 = \frac{63}{32}$, $O_4 = \frac{87}{32}$, $U_8 = \frac{275}{128}$, $O_8 = \frac{323}{128}$

   e) $U_4 = \frac{11}{2}$, $O_4 = \frac{19}{2}$, $U_8 = \frac{51}{8}$, $O_8 = \frac{67}{8}$

   f) $U_4 = \frac{49}{16}$, $O_4 = \frac{177}{16}$, $U_8 = \frac{1169}{256}$, $O_8 = \frac{2193}{256}$

4. a) $U_n = \frac{3}{2} - \frac{1}{2n} \underset{n \to \infty}{\to} \frac{3}{2}$, $O_n = \frac{3}{2} + \frac{1}{2n} \underset{n \to \infty}{\to} \frac{3}{2}$

   b) $U_n = 2 - \frac{2}{n} \underset{n \to \infty}{\to} 2$, $O_n = 2 + \frac{2}{n} \underset{n \to \infty}{\to} 2$

   c) $U_n = \frac{1000}{3} - \frac{1000}{2n} + \frac{1000}{6n^2} \underset{n \to \infty}{\to} \frac{1000}{3}$, $O_n = \frac{1000}{3} + \frac{1000}{2n} + \frac{1000}{6n^2} \underset{n \to \infty}{\to} \frac{1000}{3}$

   d) $U_n = \frac{2}{3} - \frac{1}{n} + \frac{1}{3n^2} + \frac{1}{2} - \frac{1}{2n} \underset{n \to \infty}{\to} \frac{7}{6}$, $O_n = \frac{2}{3} + \frac{1}{n} + \frac{1}{3n^2} + \frac{1}{2} + \frac{1}{2n} \underset{n \to \infty}{\to} \frac{7}{6}$

5. $U_n = \frac{1}{n}[(\frac{1}{n})^3 + ... + (\frac{n-1}{n})^3] = \frac{1}{4} - \frac{2}{4n} + \frac{1}{4n^2} \underset{n \to \infty}{\to} \frac{1}{4}$

   $O_n = \frac{1}{n}[(\frac{1}{n})^3 + ... + (\frac{n-1}{n})^3 + 1] = \frac{1}{4} + \frac{2}{4n} + \frac{1}{4n^2} \underset{n \to \infty}{\to} \frac{1}{4}$

6. $T_4 = \frac{1}{4}[(\frac{1}{4})^2 \cdot \frac{1}{2} + \frac{1}{2} \cdot ((\frac{2}{4})^2 + (\frac{1}{4})^2) + \frac{1}{2} \cdot ((\frac{3}{4})^2 + (\frac{2}{4})^2) + \frac{1}{2} \cdot ((\frac{4}{4})^2 + (\frac{3}{4})^2)] = \frac{11}{32}$

   $U_4 = \frac{7}{32}$, $O_4 = \frac{15}{32}$, $d_T = \frac{11}{32} - \frac{1}{3} = \frac{1}{96}$, $d_U = \frac{1}{3} - \frac{14}{64} = \frac{11}{96}$, $d_O = \frac{30}{64} - \frac{1}{3} = \frac{13}{96}$

   Das Ergebnis ist hier mehr als 10-mal besser, aber umständlicher zu berechnen.
   T_4 ist der Mittelwert von U_4 und O_4.

2. Die Flächeninhaltsfunktion

1. a) $A_0(x) = \frac{1}{2}x^2$ b) $A_0(x) = 2x$ c) $A_0(x) = \frac{1}{2}x^2 + 2x$ **16**

2. Die Fläche ist ein Trapez: $A_0(x) = \frac{1}{2}(f(0) + f(x)) \cdot x = x^2 + 3x$

3. a) Setzt man im obigen Beispiel $\frac{1}{3} \cdot (i\frac{x}{n})^2$, so erhält man $A_0(x) = \frac{1}{9}x^3$.   **17**

   b) $A_0(1) = \frac{1}{9}$, $A_0(2) = \frac{8}{9}$ c) $A = \frac{8}{9} - \frac{1}{9} = \frac{7}{9}$

18

4. a) $A_0(x) = \frac{1}{2}x^2 + x$ b) $A_0(x) = \frac{1}{3}x^3 + x^2 + 3x$ c) $A_0(x) = \frac{1}{2}x^4 + 2x^2 + x$

    d) $A_0(x) = \frac{a}{3}x^3$

21

5. a) $f(x) = \frac{1}{3}x + 1$ b) $A_0(x) = \frac{1}{6}x^2 + x$

6. a) $(3x)' = 3 = f(x),\ 3 \cdot 0 = 0$ b) $(\frac{3}{2}x^2)' = 3x = f(x),\ \frac{3}{2} \cdot 0 = 0$

    c) $(x^2 + 2x)' = 2x + 2 = f(x),\ 0^2 + 2 \cdot 0 = 0$ d) $(x^4 + \frac{1}{2}x^2)' = 4x^3 + x = f(x),\ 0^4 + \frac{1}{2}0^2 = 0$

7. a) $A_0(x) = 4x$ b) $A_0(x) = \frac{1}{2}x^2$ c) $A_0(x) = \frac{3}{2}x^2 + x$

    d) $A_0(x) = x^3$ e) $A_0(x) = \frac{1}{6}x^3$ f) $A_0(x) = \frac{1}{4}x^4 + x^2$

8. a) $A_0(x) = \frac{1}{16}x^4,\ A = 1$ b) $A_0(x) = \frac{1}{3}x^3 - x^2 + 2x,\ A = A_0(2) - A_0(1) = \frac{4}{3}$

9. a)   b)   c)

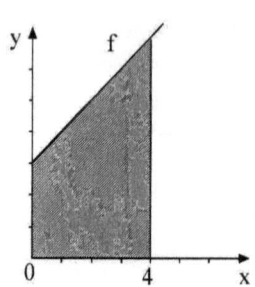 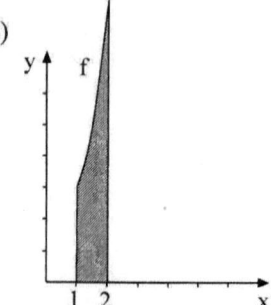 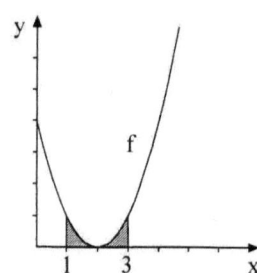

$A_0(x) = \frac{1}{2}x^2 + 3x$ $A_0(x) = \frac{2}{3}x^3 + x$ $A_0(x) = \frac{1}{3}x^3 - 2x^2 + 4x$

$A = A_0(4) = 20$ $A = A_0(2) - A_0(1) = \frac{17}{3}$ $A = A_0(3) - A_0(1) = \frac{2}{3}$

10. Dachprofil: $f(x) = 0{,}5 - \frac{2}{9}x^2$

    $A_0(x) = 0{,}5x - \frac{2}{27}x^3,\ A = 6 + 2A_0(1{,}5) = 7\ m^2$

    $V = A \cdot 1 = 7\ m^3$

22

11. $A_0(x) = \frac{1}{24}x^3 - \frac{1}{2}x^2 + 4x$, Querschnittsfläche: $A = 2A_0(4) = \frac{64}{3}$

    $V = A \cdot 4 = \frac{256}{3} \approx 85{,}33$

12. $f(x) = \frac{1}{9}x^2 + 2,\ A_0(x) = \frac{1}{27}x^3 + 2x,\ A = A_0(3) - A_0(1) = 7 - \frac{55}{27} \approx 4{,}96$

13. a) $f(x) = \frac{5}{64} x^2 + 1$

   b) $A = A_1 + A_2 + A_3$, $A_0(x) = \frac{5}{192} x^3 + x$

     $A_1 = A_0(8) = \frac{64}{3}$ (Fläche unter f), $A_2 = 6 \cdot 2 = 12$ (Rechteck), $A_3 = 3,5 \cdot 2 = 7$ (Trapez)

     $A = \frac{121}{3} \approx 40,33$ m^2 beträgt die Querschnittsfläche insgesamt.

   c) $V = A \cdot 500$ m $= 20165$ m^3, $1,8 \frac{g}{cm^3} = 1,8 \cdot \frac{1000000 kg}{1000 m^3} = 1800 \frac{kg}{m^3}$

     $m = V \cdot 1800 \frac{kg}{m^3} = 36.297.000$ kg $= 36.297$ to , $36297 : 20 = 1814,85$

     Es sind 1815 Fahrten erforderlich.

23

3. Stammfunktion und unbestimmtes Integral

1. a) $F_c(x) = \frac{1}{3} x^3 + C$, $F_c(1) = 1$, $C = \frac{2}{3}$, $F_c(x) = \frac{1}{3} x^3 + \frac{2}{3}$

   b) $F_c(x) = -\frac{1}{3} x^3 + x + C$, $F_c(0) = 4$, $C = 4$, $F_c(x) = -\frac{1}{3} x^3 + x + 4$

   c) $F_c(x) = \frac{1}{2} x^2 + 2x + C$, $F_c(1) = 0$, $C = -2,5$, $F_c(x) = \frac{1}{2} x^2 + 2x - 2,5$

27

2. a) $F'(x) = 4 \cdot \frac{1}{2} x^3 + 0 = 2x^3$ b) $F'(x) = \frac{3}{2} \cdot \frac{8}{3} \cdot x^{\frac{1}{2}} = 4\sqrt{x}$

   c) $F'(x) = 2x + (-1) \cdot \frac{6}{x^2} + 0 = 2x - \frac{6}{x^2}$ d) $F(x) = 4x^2 + 4x + 1$, $F'(x) = 8x + 4$

28

3. a) $F(x) = \frac{1}{7} x^7 + C$ b) $F(x) = 2x^3 + C$ c) $F(x) = \frac{1}{2} x^{2n} + C$

   d) $F(x) = \frac{4}{3} x^3 + x^2 + C$ e) $F(x) = \frac{1}{2} x^4 - 2x^2 + x + C$ f) $F(x) = \frac{a}{3} x^3 + 3x^2 + C$

   g) $F(x) = -\frac{3}{x} + C$ h) $F(x) = \frac{2}{3} x^3 + x + C$ i) $F(x) = \frac{1}{2} x^2 - \frac{3}{x} + C$

   j) $F(x) = 4\sqrt{x^3} + C$ k) $F(x) = \frac{3}{4} \sqrt[3]{x^4} + C$ l) $F(x) = ax^3 + C$

4. a) $F(x) = \frac{1}{6} (2x+1)^3 + C$ b) $F(x) = \frac{2}{3} (\frac{1}{2} x + 1)^3 + C$ c) $F(x) = -\frac{1}{3 \cdot (3x+2)} + C$

   d) $F(x) = \frac{2}{3} \sqrt{(2x+1)^3} + C$

5. I:C, II:D, III:E, IV:A, V:F, VI:B

6. a) Im 3. Schritt: $6 \cdot \int x^{-2} dx = -6 \cdot x^{-1} + C$

   b) lineare Substitutionsregel: $\int (2x+1)^2 dx = \frac{1}{2} \cdot \frac{(2x+1)^3}{3} + C$

   c) $\int 4x^{\frac{3}{2}} dx = 4x^{\frac{5}{2}} \cdot \frac{2}{5} + C$ d) $\int (3x^2 + 2a) dx = x^3 + 2ax + C$

   e) a ist die Integrationsvariable: $\int (3x^2 + 2a) da = 3x^2 a + a^2 + C$

29

7. a) $\int(1-2e^{-x})dx = x + 2e^{-x} + C$

   b) $\int(e^x + e^{-2x})dx = e^x - \frac{1}{2}e^{-2x} + C$

   c) $\int \sin(-\frac{1}{4}x)dx = 4\cos(-\frac{1}{4}x) + C$

   d) $\int 2\cos(\frac{\pi}{4}x)dx = \frac{8}{\pi}\sin(\frac{\pi}{4}x) + C$

8. a) $A = \int_{0}^{\pi}\sin x\,dx = [-\cos x]_0^{\pi} = 1 - (-1) = 2$

   b) $A = \int_{0}^{1}e^{-x}dx = [-e^{-x}]_0^1 = -e^{-1} - (-1) \approx 0,632$

9. $A = \int_{0}^{3}(3e^{-0,25x} - \sin\frac{\pi}{3}x)dx = [-12e^{-0,25x} + \frac{3}{\pi}\cos(\frac{\pi}{3}x)]_0^3 = -12e^{-0,75} - \frac{3}{\pi} - (-12 + \frac{3}{\pi}) \approx 4,422$

   Dachfläche: ca. 442 m^2

30

10. a) $-2\int\frac{-2}{1-2x}dx = -2\ln|1-2x| + C$

    b) $\int(1-2\frac{2}{2x+4})dx = x - 2\ln|2x+4| + C$ (zunächst Polynomdivision)

    c) $2\int\frac{a}{ax+b}dx = 2\ln|ax+b| + C$

    d) $\frac{1}{2}\int\frac{-2\sin(2x)}{\cos(2x)}dx = \frac{1}{2}\ln|\cos(2x)| + C$

11. Querschnittsfläche:

    $A = 1\cdot 4 + \int_{1}^{4}\frac{4}{x}dx + \frac{2\cdot 1}{2} = 5 + [4\ln x]_1^4 \approx 10,545$

    Volumen:
    $V = 5\cdot A \approx 52,725$

4. Das bestimmte Integral

1. a) $\int\limits_{1}^{2}(x^2+1)dx=[\frac{1}{3}x^3+x]_1^2=\frac{10}{3}$ ist der Flächeninhalt unter f über $[1;2]$ **35**

   b) $\int\limits_{-1}^{2}(x-2)dx=[\frac{1}{2}x^2-2x]_{-1}^2=-\frac{9}{2}$ Die Fläche unter f über $[-1;2]$ hat den Inhalt 4,5.

   c) $\int\limits_{0}^{3}(2-\frac{1}{2}x^2)dx=[2x-\frac{1}{6}x^3]_0^3=\frac{3}{2}$ Zwischen 0 und 3 liegt die Nullstelle $x=2$.

   Flächenbilanz:
   Das oberhalb der x-Ache gelegene Flächenstück ist um 3/2 größer als das unterhalb

   gelegene Flächenstück. $\int\limits_{0}^{2}(2-\frac{1}{2}x^2)dx=\frac{8}{3}$, $\int\limits_{2}^{3}(2-\frac{1}{2}x^2)dx=-\frac{7}{6}$

   d) $\int\limits_{0}^{4}\sqrt{x}dx=[\frac{2}{3}\sqrt{x^3}]_0^4=\frac{16}{3}$ ist der Flächeninhalt über $[0;4]$.

   e) $\int\limits_{-1}^{1}x^3dx=[\frac{1}{4}x^4]_{-1}^1=0$ Zwischen -1 und 1 liegt die Nullstelle $x=0$.

   Die Flächenstücke über $[-1;0]$ und $[0;1]$ sind mit jeweils 0,25 gleich groß.

   f) $\int\limits_{-1}^{2}(x^3-4x)dx=[\frac{1}{4}x^4-2x^2]_{-1}^2=-\frac{9}{4}$ Zwischen -1 und 2 liegt die Nullstelle $x=0$.

   Das unterhalb der x-Ache liegende Flächenstück ist um 2,25 größer als das oberhalb.

2. a) $\int\limits_{-1}^{4}(3x^2-4x+1)dx=[x^3-2x^2+x]_{-1}^4=40$ b) $\int\limits_{2}^{5}\frac{1}{x^2}dx=[-\frac{1}{x}]_2^5=\frac{3}{10}$ **36**

   c) $\int\limits_{0}^{1}(x+1)^2dx=[\frac{1}{3}(x+1)^3]_0^1=\frac{7}{3}$

3. a) $\int\limits_{0}^{1}(3x^2+2a)dx=[x^3+2ax]_0^1=1+2a$

   b) $\int\limits_{0}^{1}(3x^2+2a)da=[3x^2a+a^2]_0^1=3x^2+1$ c) $\int\limits_{1}^{2}x^2dy=[x^2y]_1^2=x^2$

37 4. Beweis zu (1): $\int\limits_a^a f(x)dx = F(a) - F(a) = 0$

   Beweis zu (3): $\int\limits_b^a f(x)dx = F(a) - F(b) = -(F(b) - F(a)) = -\int\limits_a^b f(x)dx$

   5. a) $\int\limits_{-2}^3 (4x^2 - 3x + 5)dx + \int\limits_{-2}^3 (3x - 5)dx = \int\limits_{-2}^3 4x^2 dx = [\frac{4}{3}x^3]_{-2}^3 = \frac{140}{3} \approx 46,67$

   b) $\int\limits_{-2}^2 x^2 dx + \int\limits_3^5 x^2 dx + \int\limits_2^3 x^2 dx = \int\limits_{-2}^5 x^2 dx = [\frac{1}{3}x^3]_{-2}^5 = \frac{133}{3} \approx 44,33$

38 6. a) $\int\limits_{-2}^6 x^2 dx = [\frac{1}{3}x^3]_{-2}^6 = 74\frac{2}{3} \approx 74,67$

   b) $\int\limits_1^3 x\,dx = [\frac{1}{2}x^2]_1^3 = 4$

   c) $\int\limits_0^1 (\frac{1}{4}x^2 - x^2 + \frac{7}{4}x^2)dx = \int\limits_0^1 x^2 dx = [\frac{1}{3}x^3]_0^1 = \frac{1}{3}$

   7. a) $\int\limits_{-2}^3 4x^2 dx = [\frac{4}{3}x^3]_{-2}^3 = 46\frac{2}{3} \approx 46,67$

   b) $\int\limits_{-1}^3 (2x^2 + 6x^2)dx = [\frac{8}{3}x^3]_{-1}^3 = 72 + \frac{8}{3} \approx 74,67$

   c) $\int\limits_{-2}^5 x^2 dx = [\frac{1}{3}x^3]_{-2}^5 = \frac{133}{3} = 44,33w$

   d) $\int\limits_{-1}^3 (x^3 - x)dx + \int\limits_1^3 (1 - x^3)dx - \int\limits_1^3 (1 - x)dx + \int\limits_{-1}^1 x\,dx = \int\limits_{-1}^1 x^3 dx = [\frac{1}{4}x^4]_{-1}^1 = 0$

   8. Bei x = 0 ist der Integrand nicht definiert.

Test

1. a) $F(x) = 2x^3 + C$ b) $F(x) = x^3 - 2x^2 + 2x$ c) $F(x) = 2\sqrt{x^3} + C$ **42**

   d) $F(x) = -\frac{3}{x} + C$ e) $F(x) = \frac{3}{2} \cdot x^{\frac{4}{3}} + \frac{a}{2}x^2 + C$ f) $F(x) = \frac{1}{3,5} \cdot x^{3,5} + C$

   g) $F(x) = -\frac{1}{\pi}\cos(\pi x) + C$ h) $F(x) = -4e^{-\frac{1}{2}x} + C$ i) $F(x) = \frac{1}{2\ln 2} \cdot 2^{2x} + C$

2. $F(x) = x^3 - x^2 + C$, $F(2) = -1$: $C = -5$, $F(x) = x^3 - x^2 - 5$

3. a) $\int\limits_{2}^{4}(2x - x^3)dx = [x^2 - \frac{1}{4}x^4]_2^4 = -48 - 0 = -48$

   b) $-\int\limits_{1}^{2}(3x + ax^2)dx = -[\frac{3}{2}x^2 + \frac{a}{3}x^3]_1^2 = -(6 + \frac{8a}{3}) + (\frac{3}{2} + \frac{a}{3}) = -\frac{9}{2} - \frac{7a}{3}$

   c) $\int\limits_{1}^{4}(\sqrt{x} + \frac{1}{x})dx = [\frac{2}{3}\sqrt{x^3} + \ln x]_1^4 = \frac{16}{3} + \ln 4 - \frac{2}{3} = \frac{14}{3} + \ln 4 \approx 6,053$

   d) $\int\limits_{1}^{2}4y^2 dy = [\frac{4}{3}y^3]_1^2 = \frac{32}{3} - \frac{4}{3} = \frac{28}{3} \approx 9,333$

4. a) $F(x) = \frac{1}{9}x^3 + x$, $A = F(3) - F(1) = \frac{44}{9}$

   b) Spiegelung: $g(x) = -x^2 + 6x - 8$, Nullstellen: $x = 2$ und $x = 4$

   $G(x) = -\frac{1}{3}x^3 + 3x^2 - 8x$, $A = G(4) - G(2) = \frac{4}{3}$

5. a) Im 3. Rechenschritt: $9\int x^{-2}dx = 9 \cdot \frac{x^{-1}}{-1} + C = -\frac{9}{x} + C$

   b) Im 1. Rechenschnitt: $\int\limits_{0}^{\pi}\sin(2x)dx = [-\frac{1}{2}\cos(2x)]_0^\pi = -\frac{1}{2} - (-\frac{1}{2}) = 0$

   c) Im 1. Rechenschritt: $\int(6x^2 + 4a)dx = 6 \cdot \frac{x^3}{3} + 4ax + C = 2x^3 + 4ax + C$

6. $F(x) = a(x - \frac{1}{3}x^3)$, $A = 2(F(1) - F(0)) = 2 \Rightarrow \frac{2}{3}a - 0 = 1 \Rightarrow a = \frac{3}{2}$

II. Anwendungen der Integralrechnung
1. Bestimmte Integrale und Flächeninhalte

1. Fläche über dem Intervall [0;1]: $\int\limits_{0}^{1}(\sqrt{x} - 1)dx = [\frac{2}{3}x^{3/2} - x]_0^1 = -\frac{1}{3}$, $A_1 = \frac{1}{3}$ **45**

   Fläche über dem Intervall [1;4]: $\int\limits_{1}^{4}(\sqrt{x} - 1)dx = [\frac{2}{3}x^{3/2} - x]_1^4 = \frac{5}{3}$, $A_2 = \frac{5}{3}$

   Gesamtfläche: $A = A_1 + A_2 = 2$

2. Flächen unter Funktionsgraphen

47

1. a) $A = \int_0^2 (x^2 - x + 1)dx = [\frac{1}{3}x^3 - \frac{1}{2}x^2 + x]_0^2 = \frac{8}{3}$　b) $A = \int_1^3 \frac{1}{x^2}dx = [-\frac{1}{x}]_1^3 = \frac{2}{3}$

c) $A = |\int_0^1 (x^3 - x)dx| = |[\frac{1}{4}x^4 - \frac{1}{2}x^2]_0^1| = \frac{1}{4}$　　　d) $A = |\int_0^1 (x^3 - x)dx| + \int_1^2 (x^3 - x)dx = \frac{5}{2}$

e) $A = \int_0^1 (-2x^2 + 2)dx = [-\frac{2}{3}x^3 + 2x]_0^1 = \frac{4}{3}$

f) $A(x) = \int_{-\sqrt{3}}^0 (\frac{1}{2}x^3 - \frac{3}{2}x)dx + |\int_0^1 (\frac{1}{2}x^3 - \frac{3}{2}x)dx| = [\frac{1}{8}x^4 - \frac{3}{4}x^2]_{-\sqrt{3}}^0 + |[\frac{1}{8}x^4 - \frac{3}{4}x^2]_0^1| = \frac{7}{4}$

48

2. a) Nullstellen: $\pm\sqrt{3}$ und 0

$A = \int_{-1}^0 (\frac{1}{6}x^3 - \frac{1}{2}x)dx + |\int_0^{\sqrt{3}} (\frac{1}{6}x^3 - \frac{1}{2}x)dx| + \int_{\sqrt{3}}^2 (\frac{1}{6}x^3 - \frac{1}{2}x)dx = \frac{5}{24} + \frac{9}{24} + \frac{1}{24} = \frac{5}{8}$

b) Nullstellen: ± 2 und 0, Ursprungssymmetrie

$A = |\int_{-3}^{-2} (x^3 - 4x)dx| + 2 \cdot \int_{-2}^0 (x^3 - 4x)dx = \frac{25}{4} + 8 = 14\frac{1}{4}$

c) Nullstellen: 0, $A = \int_0^4 \sqrt{x}dx = [\frac{2}{3}\sqrt{x^3}]_0^4 = \frac{16}{3}$

d) Nullstellen: 0 und 1, $A = \int_0^1 f(x)dx + \int_1^2 f(x)dx$

$= |[\frac{1}{5}x^5 - \frac{1}{4}x^4]_0^1| + |[\frac{1}{5}x^5 - \frac{1}{4}x^4]_1^2| = (\frac{1}{20}) + (\frac{12}{5}) - (-\frac{1}{20}) = \frac{5}{2}$

3. $F(x) = \int (e^{-x+1} - 1)dx = -e^{-x+1} - x$

$A = F(1) - F(0) + |F(4) - F(1)|$

$= (-2+e) + (e^{-3} + 4 - 2) \approx 0,718 + 2,050 = 2,768$

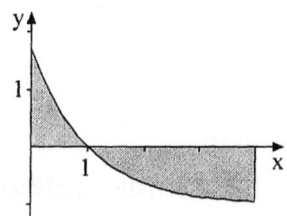

50

4. $f = g: x = \pm 6$, $f(2) = \frac{27}{2}$

$A = \int_0^2 (\frac{27}{2} - \frac{1}{24}x^2)dx + \int_2^6 (\frac{54}{x^2} - \frac{1}{24}x^2)dx = [\frac{27}{2}x - \frac{1}{72}x^3]_0^2 + [-\frac{54}{x} - \frac{1}{72}x^3]_2^6$

$= (27 - \frac{1}{9}) + (-12 + 27 + \frac{1}{9}) = 42$, $A_{ges} = 2A = 84$

$V = 84 \cdot 0,3 = 25,2 \text{ cm}^3$, $m = V \cdot \rho = 25,2 \cdot 7,87 = 198,324 \text{ g}$

5. $4 = \int\limits_{-a}^{0} f(x)dx = [\frac{1}{4}x^4 - \frac{a^2}{2}x^2]_{-a}^{0} = \frac{a^4}{4}$, $a = 2$

51

6. $\int\limits_{0}^{2} x^2 dx = [\frac{1}{3}x^3]_0^2 = \frac{8}{3}$, $[\frac{1}{3}x^3]_0^a = \frac{a^3}{3} = \frac{1}{3}$, $a = 1$

7. $f(x) = -ax^2 + a$, $A = \int\limits_{0}^{1} f(x)dx = [-\frac{a}{3}x^3 + ax]_0^1 = \frac{2}{3}a = 1$, $a = \frac{3}{2}$

52

8. $f(x) = ax^2 + bx + c$, $f(0) = -1$, $c = -1$
$f'(x) = 2ax + b$, $f'(4) = 0$, $b = -8a$
$\int\limits_{0}^{1} (ax^2 - 8ax - 1)dx = [\frac{1}{3}ax^3 - 4ax^2 - x]_0^1 = -\frac{11}{3}a - 1$, $A = \frac{11}{3}a + 1 = 12$, $a = 3$
$f(x) = 3x^2 - 24x - 1$ A unterhalb der x – Achse!

9. Die Parabel ist nach unten geöffnet und hat die Nullstellen $x_1 = 0$ und $x_2 = u$, daher:
$P(x) = -ax(x-u)$ $(a > 0)$.

Der Scheitelpunkt ist $S(\frac{u}{2} \mid 9)$: $p(\frac{u}{2}) = \frac{a}{4}u^2 = 9$ $\Rightarrow$ $a = \frac{36}{u^2}$

$\int\limits_{0}^{u} -\frac{36}{u^2}(x^2 - ux)dx = [-\frac{36}{u^2}(\frac{1}{3}x^3 - \frac{u}{2}x^2)]_0^u = 6u = 36$ $\Rightarrow$ $u = 6$, $a = 1$

10.a) $v'(x) = -\frac{1}{12500}x + \frac{1}{250}$, $v' = 0$: $x = 50$

53

max. Verbrauch: $v(50) =) 0,2$ Liter pro km

b) Benzinverbrauch: $\int\limits_{0}^{100} v(x)dx = [-\frac{1}{75000}x^3 + \frac{1}{500}x^2 + \frac{1}{10}x]_0^{100} \approx 16,67$ Liter

c) $\int\limits_{0}^{60} v(x)dx = 10,32$ Nach knapp 60 km sind ca. 10 l verbraucht.

11.a) Gesamtstrecke: $s = \int\limits_{0}^{9} v(t)dt = [200\sqrt{t^3}]_0^9 = 5400$ m

b) durchschnittliche Geschwindigkeit: $\overline{v} = \frac{s}{t} = \frac{5400}{9} = 600\frac{m}{min} = 10\frac{m}{s}$

c) $v_{max} = v(9) = 900\frac{m}{min} = 15\frac{m}{s}$

12.a) Gesamtverbrauch: $\int\limits_{0}^{8} v(t)dt = [0,05t^2 - \frac{6,25}{t+1}]_0^8 \approx 8,76$ kg

b) durchschnittlicher Verbrauch: $\overline{v} = \frac{\text{Gesamtverbr.}}{\text{Zeit}} \approx \frac{8,76}{8} \approx 1,1\frac{kg}{h}$

c) $v'(t) = 0,1 - \frac{12,5}{(t+1)^3}$, $v' = 0$: $(t+1)^3 = 125$, $t = 4$
minimale Verbrauchsrate: $v(4) = 0,65$ kg/h

13.a) $A = \frac{1}{4}$ b) $A = \frac{8}{\pi} \approx 2,546$ c) $A = \frac{8}{3}$

54

54

14. a) $A = 12 + 1{,}11 = 13{,}11$ b) $A = \frac{7}{6} + \frac{32}{6} = \frac{13}{2}$ c) $A = 3{,}5 + 8 = 11{,}5$

 d) $A = \frac{8}{5}$ e) $A = 0{,}30625 + 5{,}2 = 5{,}50625$

 f) $A = 1{,}75 + 4 + 1{,}265625 = 7{,}015625$

15. a) $a = \pm 2$ b) $a = \frac{\ln 21}{2} \approx 1{,}522$ c) $a = 4$

16. a) Nullstellen: ± 1 , $A = 6{,}533 + 2{,}933 + 53{,}066 = 62{,}532$
   b) Nullstellen: $-3, 0, 1$, $A = 7{,}33 + 0{,}58 + 11{,}39 = 19{,}3$
   c) Nullstellen: $-2, 1$ (doppelte) , $A = 6{,}75 + 1{,}25 = 8$
   d) Nullstellen: $-2, 1, 3$, $A = 10{,}667 + 2{,}417 = 13{,}084$

17. $f(x) = ax^2 - 4ax$, $A = \int_{0}^{4} f(x)dx = -\frac{32}{3}a = \frac{8}{3}$, $a = -\frac{1}{4}$, $f(x) = -\frac{1}{4}x^2 + x$

57

18. Torbogen: $f(x) = -1{,}2x^2 + 4{,}8$ (Ursprung: Bodenmitte unter dem Torbogen)

 Fläche unter f: $A = 2\int_{0}^{2} f(x)dx = 2[-\frac{1{,}2}{3}x^3 + 4{,}8x]_{0}^{2} = 2(-\frac{9{,}6}{3} + 9{,}6) = \frac{38{,}4}{3} \approx 12{,}8$

 Flächeninhalt des Turms: $A_T \approx 80 - 12{,}8 = 67{,}2$
 Höhe des Angebots: 1680 Euro

19. Der Ursprung wird jeweils in den Scheitelpunkt der Parabeln gelegt.

 linker Ärmel: $f(x) = \frac{3}{5}x^2$, Fläche unter f: $\int_{0}^{5} \frac{3}{5}x^2 dx = [\frac{1}{5}x^3]_{0}^{5} = 25$
 Ärmelinhalt: $A_1 = 75 - 25 = 50$ cm^2
 Halsausschnitt: $g(x) = \frac{20}{225}x^2 = \frac{4}{45}x^2$, Fläche unter g: $2\int_{0}^{15} g(x)dx = 2[\frac{4}{135}x^3]_{0}^{15} = 200$
 Inhalt des Ausschnitts: $A_2 = 600 - 200 = 400$ cm^2
 Verschnitt: $2A_1 + A_2 = 500$ cm^2
 Inhalt des Rohlings: $R = 50 \cdot 65 = 3250$ cm$_2$

 Der Prozentanteil beträgt $\frac{500}{3250} \approx 15{,}38\%$

20. a) $f(2) = 0{,}355$, $f(25) = 3$, $f(20) = 4$
    $f'(x) = -\frac{1}{800}(3x^2 - 66x + 120)$, $f'(2) = 0$, $f'(20) = 0$
   b) $F(x) = -\frac{1}{800}(\frac{1}{4}x^4 - 11x^3 + 60x^2 - 400x)$, $A = F(25) - F(2) \approx 58{,}40 - 0{,}81 = 57{,}59 > 50$
    Die Bedingung ist erfüllt.

21. Die Breite beträgt 20 m.

   $F(x) = -\frac{30}{\pi}\cos(\frac{\pi}{10}(x-5)) + 3x$, $A = 2(F(10) - F(0)) = 2(0 + 30) = 60$

 Der Inhalt des Querschnitts beträgt 60 m^2.
 $f(10) = 6 \Rightarrow$ Rechteckfläche $= 120 \Rightarrow$ Querschnittsfläche $= 120 - 60 = 60$

22. $F(x) = -\frac{8}{\pi}\cos(\frac{\pi}{4}x) + 2x$, $A = F(6) - F(0) = 12 + \frac{8}{\pi} \approx 14{,}546$ km^2 58

23. a) $f(x) = -\frac{1}{18}(x-6)^2 + 2$

b) $F(x) = -\frac{1}{54}(x-6)^3 + 2x$; Fläche unter f: $A_f = F(12) - F(0) = 16$

Höhe des Mitteldreiecks: $h = \sqrt{12^2 - 6^2} = \sqrt{108} \approx 10{,}39$

Inhalt: Mitteldreiecks: $A_D = 6\cdot\sqrt{108} \approx 62{,}35$; Querschnitts: $A = 3\cdot A_f + A_D \approx 110{,}35$

24. a) $f(x) = \frac{1}{25}x^2 - \frac{2}{5}x + 2$

b) $f(1) = f(9) = \frac{41}{25} \triangleq 16{,}4$m , $\quad f(2) = f(8) = \frac{34}{25} \triangleq 13{,}6$m
$f(3) = f(7) = \frac{29}{25} \triangleq 11{,}6$m , $\quad f(4) = f(6) = \frac{26}{25} \triangleq 10{,}4$m

c) $F(x) = \frac{1}{75}x^3 - \frac{2}{10}x + 2x$

Tafel 1: $A_1 = A_4 \approx 149{,}33$ m^2
Tafel 2: $A_2 = A_3 \approx 109{,}33$ m^2, $A = A_1 + A_2 + A_3 + A_4 \approx 517{,}32$m^2

3. Flächen zwischen Funktionsgraphen

1. $A = 4{,}5$ 2. $A = 0{,}333$ 59

3. $A = 3{,}0833$ 4. $A = 0{,}417$ 60

5. a) $A = 1{,}333$ b) $A = 21{,}333$ c) $A = 0{,}296$ 61
   d) $A = 1{,}333$ e) $A = 3{,}375$ f) $A = 0{,}333$

6. a) $A = \int\limits_0^a (-2x^2 + 2a^2)dx = [-\frac{2}{3}x^3 + 2a^2x]_0^a = \frac{4}{3}a^3 = 36$, $a = 3$

   b) $A = \int\limits_0^a (ax - x^2)dx = [\frac{a}{2}x^2 - \frac{1}{3}x^3]_0^a = \frac{1}{6}a^3 = \frac{4}{3}$, $a = 2$

   c) $A = \int\limits_0^{1/a} (1 - a^2x^2)dx = [x - \frac{a^2}{3}x^3]_0^{1/a} = \frac{2}{3a} = \frac{2}{3}$, $a = 1$

7. Schnittstellen: 0, 1 , $A = 1{,}25$ 8. Grenzen: 0, 1 , $A = 1{,}417$ 62

9. a) Grenzen: $-2, -1, 0, 1$, $A = 2{,}25 + 0{,}25 + 0{,}25 = 2{,}75$ 63

   b) Grenzen: $-1, 0, 2$, $A = 1{,}75 + 4 = 5{,}75$

10. $F(x) = x - \frac{2}{\pi}\cos(\frac{\pi}{2}x)$, $G(x) = \frac{1}{3}(x-1)^3$

    $A = F(2) - G(2) - F(0) + G(0) + G(3) - F(3) - G(2) + F(2)$

    $= 2 + \frac{2}{\pi} - \frac{1}{3} + \frac{2}{\pi} - \frac{1}{3} + \frac{8}{3} + 3 - \frac{1}{3} + 2 + \frac{2}{\pi} = \frac{6}{\pi} + \frac{8}{3} \approx 4{,}58$

11. a) Schnittstellen: $-3 ; 2$, $A \approx 10{,}42$ b) Schnittstellen: $0 ; 12$, $A = 144$ 64
    c) Schnittstellen: $-2 ; 0$, $A = \frac{4}{3}$
    d) Schnittstellen: $\ln 0{,}5$ und $\ln 6$, $A = 5{,}152$ (mit Subst. $e^x = u$)

64

12. a) Schnittstellen: $-1, 1$, $A = 0{,}667$ b) Integrationsstellen: $-1, 1$, $A = 10/3$

   c) Schnittstellen: $-\frac{\pi}{2}$, $A = 2 + \pi \approx 5{,}142$

13. a) Schnittstellen: $0 ; \frac{1}{a}$, für $a = 0{,}5$ b) Schnittstellen: $-2a ; a$, für $a = 1$
   c) Schnittstellen: $0 ; 2+a$, für $a = 4$ d) Schnittstellen: $-a ; 0 ; a$, für $a = \sqrt[4]{8}$

14. a) Grenzen: $0, 2, 3$, $A = 1 + 0{,}483 = 1{,}483$
   b) $f(x) = x^2, g(x) = 2x + 2, h(x) = x^2 - 2x + 2$
     Grenzen: $1 - \sqrt{3}$, $0, 1$, $A = 0{,}797 + 1 = 1{,}797$

15. $a = 4$

16. $A_{\text{gelb}} = \frac{1}{12}$, $A_{\text{blau}} = \displaystyle\int\limits_{-\sqrt{a}}^{0} (x^3 - ax)\,dx = \frac{a^2}{4} = \frac{1}{12}$, $a = \sqrt{\frac{1}{3}} \approx 0{,}577$

17. a) Schnittstellen: $-1 ; 1 ; 4$, $A = \frac{16}{3} + 15{,}75 \approx 21{,}08$

   b) Schnittstellen: $-2 ; 0 ; 2$, $A = 2(\frac{8}{\pi} - 1) \approx 3{,}093$

65

18. $f(x) = 0{,}2x^2 - 0{,}8$, $g(x) = -0{,}4x^2 + 1{,}6$
Integration von $g - f$ über $[-2 ; 2]$ liefert
$A = 6{,}4\ \text{cm}^2$ und daher $V = 10{,}24\ \text{cm}^3 = 10240\ \text{mm}^3$.

66

19. a) obere Parabel: $f(x) = -\frac{4}{36}x^2 + 4$, untere Parabel: $g(x) = \frac{5}{36}x^2 - 5$

   b) $A = 2\displaystyle\int\limits_{0}^{6}(f(x) - g(x))\,dx = 2[-\frac{1}{12}x^3 + 9x]_0^6 = 72\ \text{m}^2$ beträgt die Gebäudefront.

20. a) $g(x) = -x + 10$

   b) $A = \displaystyle\int\limits_{-10}^{10}(g(x) - f(x))\,dx = [-\frac{5}{4000}x^4 + \frac{1}{4}x^2 + 10x]_{-10}^{10} = 200$

   ohne Integralrechnung: Schneidet man längs der x-Achse das untere Flächenstück ab und dreht es um $180°$, so kann man es am Flusslauf zu einem Dreieck zusammenfügen.

   Also $A = \frac{1}{2} 20 \cdot 20 = 200$

21. a) $f(x) = -\frac{1}{8}x^2 + 2$, $g(x) = \frac{3}{16}x^2 - 3$
   b) $A = \displaystyle\int\limits_{-5}^{-4}(g(x) - f(x))\,dx + 2\displaystyle\int\limits_{-4}^{0}(f(x) - g(x))\,dx = [\frac{5}{48}x^3 - 5x]_{-5}^{-4} + 2[-\frac{5}{48}x^3 + 5x]_{-4}^{0}$

     $\approx 1{,}35 + 26{,}67 = 28{,}02$

   Der Flächeninhalt des Logos beträgt ca. $28{,}02\ \text{dm}^2$.
   c) Fensterfläche: $A_F = 9 \cdot 5 = 45\ \text{dm}^2$
     Der Anteil Logo:Fensterfläche beträgt also ca. 62 %, d.h. ca. 31 % Lichtreduktion.

   d) $d(x) = f(x) - g(x) = -\frac{5}{16}x^2 + 5 = 2{,}5$, $x = \pm\sqrt{8} \approx \pm 2{,}83$

     Im Bereich $-2{,}83 \le x \le 2{,}83$ ist das Logo mindestens 25 cm hoch.

     Bzw. $d(x) = g(x) - f(x)$: $-5 \le x \le -4{,}9$, d.h. der letzte cm Schwanzende ebenfalls

22. a) $g(x) = -\frac{1}{4}x^2 + 5$, $h(x) = \frac{1}{2}x - 1$

66

b) $A = 2\int\limits_0^2 (g(x) - f(x))dx + 2\int\limits_2^4 (g(x) - h(x))dx$

$= 2[\frac{1}{20}x^5 - \frac{5}{12}x^3 + 5x]_0^2 + 2[-\frac{1}{12}x^3 - \frac{1}{4}x^2 + 6x]_2^4 \approx 16,53 + 8,67 = 25,2$

Der Flächeninhalt beträgt also ca. 25,2 ha oder 252000 m².

c) $n(x) = -\frac{1}{6}x^2 + 2$, $A = 2\int\limits_0^3 (g(x) - n(x))dx + 2\int\limits_3^4 (g(x) - h(x))dx$

$= 2[-\frac{1}{36}x^3 + 3x]_0^3 + 2[-\frac{1}{12}x^3 - \frac{1}{4}x^2 + 6x]_3^4 \approx 16,5 + 2,33 = 18,83$

Das ergibt 1883 Parzellen.

23. a) $f(x) = -\frac{1}{8}x^2 + 4$, $g(x) = -\frac{1}{128}x^4 + \frac{1}{4}x^2$

67

b) $A = 2\int\limits_0^4 (f(x) - g(x))dx = 2[\frac{1}{640}x^5 - \frac{1}{8}x^3 + 4x]_0^4 \approx 19,20$

$V = 1,5 \cdot A = 28,8$, d.h. das Becken fasst 28,8 m³ bzw. 28800 Liter Wasser.

c) $f'(x) = -0,25x$, $f'(4) = -1$, $g'(4) = 0$, $\alpha = 135°$, $\beta = 0° \Rightarrow \gamma = 180° - 135° = 45°$

Der Winkel beträgt 45°.

24. a) $f(x) = -\frac{40}{10000}(x - 100)^2 + 40 = -\frac{1}{250}x^2 + \frac{4}{5}x$, $g(x) = \frac{2}{5}x$

b) $A = \int\limits_0^{100} (f(x) - g(x))dx = [-\frac{1}{750}x^3 + \frac{1}{5}x^2]_0^{100} = -\frac{1000000}{750} + \frac{10000}{5} \approx 666,67$

$V = 1000 \cdot A \approx 666.667\,\text{m}^3$

25. a) $f(x) = 1,25 - 0,25\cos(\frac{\pi}{2}x)$, $g(x) = 1,5(1 - \cos(\frac{\pi}{4}x))$

b) $A = 2\int\limits_0^2 (f(x) - g(x))dx = 2[-0,25x - \frac{1}{2\pi}\sin(\frac{\pi}{2}x) + \frac{6}{\pi}\sin(\frac{\pi}{4}x)]_0^2 = 2(-0,5 + \frac{6}{\pi}) \approx 2,82$

$V \approx 2,82 \cdot 0,3 = 0,846\,\text{m}^3$, $m = V \cdot 0,7\frac{g}{cm^3} = V \cdot 700\frac{kg}{m^3} \approx 592,2\,\text{kg}$

26. $f(1) = g(1) = 1$, also ist die Schwanzflosse 1 m lang.

$A = \int\limits_0^1 g(x) - f(x)dx + \int\limits_1^4 f(x) - g(x)dx + A_{\text{Halbkreis}}$

$= [\frac{1}{9}(\frac{1}{3}x^3 - 4x^2 + 16x) - \frac{2}{3}\sqrt{x^3}]_0^1 + [\frac{2}{3}\sqrt{x^3} - \frac{1}{9}(\frac{1}{3}x^3 - 4x^2 + 16x)]_1^4 + 1,57 \approx 5,93$

5,93 m². 1 mm = 59300 cm² · 0,1 cm = 5930 cm³ = 5,93 Liter

10 Liter reichen also nicht für einen 1 mm dicken Anstrich (nur für 0,84 mm).

4. Rekonstruktion von Beständen

69

1. Bremszeit: $v(t) = 0$: $0 = 40 - 4t$, $t = 10$

   Länge des Bremsweges: $s = \int\limits_{0}^{10} (40 - 4t)dx = [40t - 2t^2]_0^{10} = 200$ m

70

2. a) Ansatz: $v(x) = at^2 + bt + c$

   $v(0) = 6$: $6 = c$

   $v(1) = 3$: $3 = a + b + 6$

   $v(3) = 0$: $0 = 9a + 3b + 6$, $\qquad -9 = 6a - 12$, $a = 0,5$, $b = -\frac{7}{2}$

   $v(x) = \frac{1}{2}t^2 - \frac{7}{2}t + 6$

   b) $s = \int\limits_{0}^{3} v(t)dt = [\frac{1}{6}t^3 - \frac{7}{4}t^2 + 6t]_0^3 = 6,75$

   Höhe nach 3 Tagen : $h = 1$ m $+ 6,75$ cm $= 1,0675$ m

   c) $v(t) = 1$: $\frac{1}{2}t^2 - \frac{7}{2}t + 6 = 1$, $t^2 - 7t + 10 = 0$, $t = \frac{7}{2} - \sqrt{2,25} = 2$

   Nach 2 Tagen ändert sich die Höhe erstmalig nur noch um 1 cm/Tag.

   Sie ist dann $s(2) = [\frac{1}{6}t^3 - \frac{7}{4}t^2 + 6t]_0^2 = \frac{19}{3} \approx 6,33$ cm $+ 1$ m $= 1,0633$ m hoch.

71

3. a) $N'(t) = 0,5$: $e^{-0,01t} = 0,5$, $t = \frac{\ln 0,5}{-0,01} \approx 69,31$ Jahre

   b) $N(t) = -100e^{-0,01t} + C$, $\frac{N(50)-N(0)}{50} = \frac{100 - 100e^{-0,5}}{50} \approx 0,787$, d.h. ca. 787000 Pers./Jahr

   c) $N(20) - N(10) = 100e^{-0,1} - 100e^{-0,2} \approx 8,61$ Millionen

72

4. a) $250000 = 200000e^{2b}$, $b = \frac{\ln 1,25}{2} \approx 0,1116$, $N'(t) = 200000e^{0,1116t}$

   b) $N(t) = 1792000e^{0,1116t} + 13208000$

   c) Nach 11,94 Jahren wird die 20-Millionen-Grenze überschritten.

   d) Nach ca. 14,42 Jahren wird die Änderungsrate von 1 Mio. Pers./Jahr erreicht.

   e) Die mittlere Änderungsrate beträgt $\frac{N(10)-N(5)}{5} \approx 467871$ Pers./Jahr.

   f) $T_2 \approx 6,211$ Jahre

5. a) $N(t) = 5e^{-0,04t} + 0$

   b) $-0,2e^{-0,04t} = -0,01$: $t \geq 75$

   c) $T_{1/2} \approx 17,33$ Tage

   d) $1 = 5e^{-0,04t}$, $t \approx 40$

   e) durchschnittliche Zerfallsrate: $\frac{N(10)-N(0)}{10} \approx -0,165 \frac{\text{mg}}{\text{Tag}}$

6. a) $N(t) = 10e^{-0,02t} + 20$

   b) 20 Millionen

   c) $10e^{-0,02t} = 1$, $t \approx 115,13$ Jahre

   d) durchschnittliche Abnahmerate: $\frac{N(5)-N(0)}{5} \approx -0,19 \frac{\text{Mio.Pers.}}{\text{Jahr}}$

7. a) $W(t) = \int P(t)dt = -\frac{1}{12960}t^4 + \frac{1}{108}t^3$

   b) $W(90) = 1687,5$ Wattminuten $= 28,125$ Wh $\approx 0,028$ kWh

   c) $P'(t) = -\frac{1}{1080}t^2 + \frac{1}{18}t$, $\quad P''(t) = -\frac{1}{540}t + \frac{1}{18}$

   $P'(t) = 0$: $t = 60$, $P''(60) = -\frac{1}{9} + \frac{1}{18} < 0$

   Zur Zeit $t = 60$ war die Leistung maximal.

8. $A(t) = \int\limits_0^{400} a(t)dt = [\frac{1}{450}(-\frac{1}{3}t^3 + 100t^2 + 80000t)]_0^{400} \approx 59259$ Manntage werden benötigt.

9. a) $h(t) = \frac{1}{216}(\frac{5}{3}t^3 - 60t^2 + 480t) + 5$

   b) $h'(t) = 0$: $t^2 - 24t + 96 = 0$, $t = 12 \pm\sqrt{48}$

   $t_1 = 5,07$, $t_2 = 18,93$

   $h''(t) = \frac{1}{216}(10t-120)$, $h''(5,07) < 0$, $h''(18,93) > 0$

   Zur Zeit $t = 5,07$ war der Wasserstand am höchsten.
   Zur Zeit $t = 18,93$ war der Wasserstand am niedrigsten.

   c) $h''(t) = 0$: $t = 12$

   Zur Zeit $t = 12$ änderte sich der Wasserstand am schnellsten, $h'(12) = -\frac{10}{9}\frac{m}{h}$.

10. $s(t) = -0,01t^3 + 0,9t^2$, $s(60) = 1080$ m
    Es legt 1080 Meter zurück.

11. a) $B(t) = 5t^4 - 100t^3 + 500t^2 + C$
    $B(1) = 405 + C$, $C = 95$, $B(t) = 5t^4 - 100t^3 + 500t^2 + 95$

    b) $B(3) = 2300$ Besucher sind nach 3 Stunden anwesend.

    c) $B'(t) = 0$: $20t(t^2-15t+50) = 0$, $t_1 = 0$, $t_2 = 10$, $t_3 = 5$
    $B''(t) = 60t^2 -600t + 1000$, $B''(0) > 0$ Minimum, $B''(5) < 0$ Maximum, $B''(10) > 0$ Minimum
    Nach 5 Stunden ist die Besucherzahl mit 3220 am größten.

    d) $B''(t) = 0$: $t_1 = 7,89$, $t_2 = 2,11$
    Zwischen dem 1. Minimum und dem Maximum, also bei $t = 2,11$ steigt die Besucherzahl
    am schnellsten. Bei $t = 7,89$ sinkt sie am schnellsten.

    e) Nach ca. 10 Stunden ist das Fest zu Ende.

12. a) $h(t) = 30t - 5t^2 + 35$

    b) $h = 0$: $-5t^2 + 30t + 35 = 0$, $t_1 = 7$ ($t_2 = -1$)
    Der Ball trifft nach 7 Sekunden mit $v(7) = -40$ m/s am Boden auf.
    (Das −Zeichen gibt die Richtung der Bewegung an.)
    Die Gipfelhöhe ist nach 3 Sekunden $h(3) = 80$ m.

13. a) $s(t) = 30t - 5t^2$

    b) $v(t) = 0$: $t = 3$, $s(3) = 45$ m
    100 m vor dem LKW steht das Reh, nach 1 s ist der LKW noch 70 m von dem Reh
    entfernt, der Bremsweg beträgt 45 m, also kommt der LKW 25 m vor dem Reh zum
    Stehen. Kein Unfall!

73

74

75

76

76

14. a) $h(t) = -0,04t^3 + 0,6t^2 + 520$

b) $h'(t) = v(t) = 0$: $t_1 = 0$, $t_2 = 10$

$h''(t) = v'(t) = -0,24t + 1,2$, $v'(10) = -1,2 < 0$, Maximum

$h(10) = 540$ m ist die maximale Höhe.

c) $h(t) = 520$: $-0,04t^2(t-15) = 0$, $t_1 = 0$, $t_2 = 15$; nach 15 Minuten ist er wieder auf Starthöhe.

15. b) $N'(t) = \frac{1}{4\sqrt{t}} - 0,1$, $N'(t) = 0$: $t = 6,25$ a)

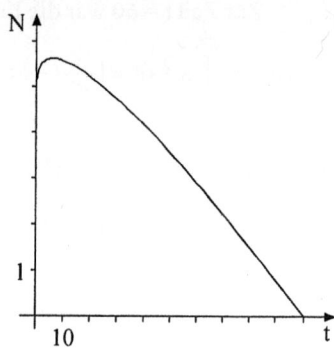

c) $5 + 0,5\sqrt{t} - 0,1t = 3600$

$t - 0,5\sqrt{t} - 14 = 0$, $\sqrt{t} = 2,5 \pm \sqrt{20,25}$

$t_1 = 7$ ($t_2 < 0$) Nach 49 Tagen 3600 Mann

d) $\int\limits_{0}^{100} N(t)dt = [5t + \frac{1}{3}\sqrt{t^3} - 0,05t^2]_0^{100} \approx 333,33$

Insgesamt waren 333.333 Manntage erforderlich.

16. $h(t) = -0,025t^4 + \frac{1}{3}t^3 + 5$

a) $v(t) = 0$: $t = 10$; Nach 10 Wochen endet das Wachstum.

b) $h(10) = 83,33$ cm ist die maximale Höhe.

c) Wendepunkt: $v'(t) = -0,3t^2 + 2t$, $v'(t) = 0$: $-t(0,3t-2) = 0$, $t_1 = 0$, $t_2 = \frac{2}{0,3} \approx 6,67$

Sattelpunkt bei $t_1 = 0$, WP bei $t_2 = 6,67$, $h(6,67) = 54,38$

Zum Zeitpunkt des schnellsten Wachstums wird die Pflanze ca. 54,39 cm hoch sein.

78

17. a) $\int\limits_{2}^{\infty} 8x^{-5}dx = \lim\limits_{k \to \infty} \int\limits_{2}^{k} 8x^{-5}dx = \lim\limits_{k \to \infty} [-2x^{-4}]_2^k = \lim\limits_{k \to \infty} (-\frac{2}{k^4} + \frac{1}{8}) = \frac{1}{8}$

b) $\int\limits_{1}^{\infty} \frac{1}{\sqrt{x}}dx = \lim\limits_{k \to \infty} \int\limits_{1}^{k} \frac{1}{\sqrt{x}}dx = \lim\limits_{k \to \infty} [2\sqrt{x}]_1^k = \lim\limits_{k \to \infty} (2\sqrt{k} - 2) = \infty$

c) $\int\limits_{-\infty}^{0} \frac{1}{(4-x)^3}dx = \lim\limits_{k \to -\infty} \int\limits_{k}^{0} \frac{1}{(4-x)^3}dx = \lim\limits_{k \to -\infty} [\frac{-1}{2(4-x)^2}]_k^0 = \lim\limits_{k \to -\infty} (-\frac{1}{32} + \frac{1}{2(4-k)^2}) = -\frac{1}{32}$

d) $\int\limits_{-\infty}^{-2} (\frac{1}{x^3} + \frac{1}{x^4})dx = \lim\limits_{k \to -\infty} \int\limits_{k}^{-2} (\frac{1}{x^3} + \frac{1}{x^4})dx = \lim\limits_{k \to -\infty} [-\frac{1}{2x^2} - \frac{1}{3x^3}]_k^{-2}$

$= \lim\limits_{k \to -\infty} (-\frac{1}{12} + \frac{1}{2k^2} + \frac{1}{3k^3}) = -\frac{1}{12}$

Test

1. a) $F(x) = \frac{1}{3}x^3 - 2x^2 + 5x$

    $A = F(3) - F(0) = 6$

   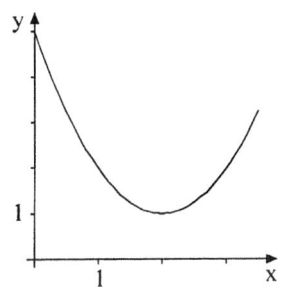 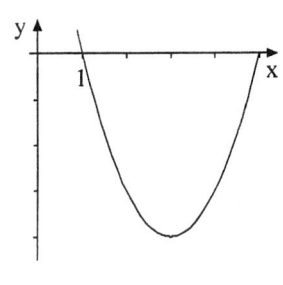

   b) $F(x) = \frac{1}{3}x^3 - 3x^2 + 5x$

    $A = |\,F(5) - F(1)\,| = \frac{32}{3}$

2. Punktprobe: $f(1) = 2$, $g(1) = 2$; P ist gemeinsamer Punkt

   $A = A_1 + A_2$

   $F(x) = \frac{4}{3}\sqrt{x^3}$, $G(x) = \frac{2}{3}x^3 - 4x^2 + 8x$

   $A_1 = F(1) - F(0) = \frac{4}{3} \approx 1,33$, $A_2 = G(3) - G(1) = 6 - \frac{14}{3} \approx 1,33$

   $A = \frac{8}{3} \approx 2,67$

3. a) $f(x) = \frac{1}{6}(x+3)^2 = \frac{1}{6}x^2 + x + \frac{3}{2}$, $g(x) = \frac{1}{8}(x-4)^2 = \frac{1}{8}x^2 - x + 2$

   b) $F(x) = \frac{1}{18}(x+3)^3$, $A_1 = F(0) - F(-3) = \frac{3}{2} - 0 = \frac{3}{2}$

    $G(x) = \frac{1}{24}(x-4)^3$, $A_2 = G(4) - G(0) = 0 + \frac{8}{3} = \frac{8}{3}$

    $A = A_1 + A_2 = \frac{25}{6} \approx 4,17$ m^2 beträgt die Querschnittsfläche der Rampe.

   c) $V = 25$ m^3, $m = 25 \cdot 2,3$m$^3 \cdot \frac{g}{cm^3} = 25 \cdot 2,3\frac{1000000kg}{1000m^3} = 57500$ kg

    Die Rampe wiegt 57,5 Tonnen.

4. Die Graphen schneiden sich bei $x = 0$ und $x = 6$.

   $A = \int_0^6 (f(x) - g(x))dx = [-\frac{1}{12}x^3 + \frac{3}{4}x^2]_0^6 = 9$

   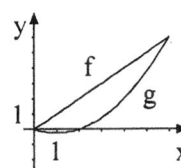

5. $f(x) = 5 - \frac{5}{36}x^2$, $F(x) = 5x - \frac{5}{108}x^3$, $G(x) = \frac{44}{\pi}\sin(\frac{\pi}{11}x)$

   $A = 2(F(5,5) - G(5.5)) + 2(F(6) - F(5,5)) = 2(F(6) - G(5,5)) = 2(20 - \frac{44}{\pi}) \approx 11,99$

   $V = 11,99$m$^2 \cdot 0,2$m $\approx 2,398$ m^3, $m \approx 2,398$m$^3 \cdot 0,7\frac{g}{cm^3} = 1678,6$ kg

   Die Rahmung wiegt ca. 1679 kg bzw. 1,679 Tonnen.

III. Integrationsmethoden
1. Die Produktintegration

84   1. a) $\int x \cdot e^{-x} dx = -x \cdot e^{-x} + \int e^{-x} dx = -(1+x) \cdot e^{-x} + C$

   b) $\int x \cdot \sin x \, dx = -x \cdot \cos x + \int \cos x \, dx = \sin x - x \cdot \cos x + C$

85   2. a) $\int x \cdot \cos x \, dx = x \cdot \sin x - \int \sin x \, dx = x \cdot \sin x + \cos x + C$

   b) $\int \ln x \cdot x \, dx = \ln x \cdot \frac{1}{2} x^2 - \int \frac{1}{2} x \, dx = \ln x \cdot \frac{1}{2} x^2 - \frac{1}{4} x^2 + C$

   3. a) $\int 2x^2 \cdot e^{-x} dx = -2x^2 \cdot e^{-x} + \int 4x \cdot e^{-x} dx = -(2x^2 + 4x + 4) \cdot e^{-x} + C$

   b) $\int x^2 \cdot \cos x \, dx = x^2 \cdot \sin x - \int 2x \cdot \sin x \, dx = x^2 \cdot \sin x + 2x \cdot \cos x - 2\sin x + C$

   c) $\int x^3 \cdot e^x dx = x^3 \cdot e^x - \int 3x^2 \cdot e^x dx = (x^3 - 3x^2 + 6x - 6) \cdot e^x + C$

86   4. a) $\int \sin x \cdot \sin x \, dx = -\sin x \cdot \cos x + \int \cos^2 x \, dx = -\sin x \cdot \cos x + \int (1 - \sin^2 x) dx$

   $2\int \sin x \cdot \sin x \, dx = -\sin x \cdot \cos x + x$

   $\int \sin x \cdot \sin x \, dx = \frac{1}{2}(-\sin x \cdot \cos x + x) + C$

   bzw. $\int \sin x \cdot \sin x \, dx = \int (1 - \cos^2 x) dx = x - \frac{1}{2}(\sin x \cdot \cos x + x) + C$ (wg. Beispiel)

   b) **Druckfehler** im 1. Druck:

   $\int e^x \cdot \cos x \, dx = e^x \cdot \sin x - \int e^x \cdot \sin x \, dx$

   $= e^x \cdot \sin x + e^x \cdot \cos x - \int e^x \cdot \cos x \, dx$

   $2\int e^x \cdot \cos x \, dx = e^x \cdot \sin x + e^x \cdot \cos x$

   $\int e^x \cdot \cos x \, dx = \frac{1}{2} e^x (\sin x + \cos x) + C$

87   5. a) $\int (2-x) \cdot e^x dx = (2-x) \cdot e^x + \int e^x dx = (2-x) \cdot e^x + e^x + C = (3-x) \cdot e^x + C$

   b) $\int (x^2 + x) \cdot \sin x \, dx = -(x^2 + x) \cdot \cos x + \int (2x+1) \cdot \cos x \, dx$

   $= \cos(-x^2 - x + 2) + \sin x (2x+1) + C$

   c) $\int (x+1)^{100} \cdot x \, dx = \frac{1}{101}(x+1)^{101} \cdot x - \int \frac{1}{101}(x+1)^{101} dx$

   $= \frac{1}{101}(x+1)^{101} \cdot x - \frac{1}{101 \cdot 102}(x+1)^{102} + C$

d) $\int \sin^2 x \cdot \cos x\, dx = \sin^3 x - \int 2\sin^2 x \cdot \cos x\, dx$, $\int \sin^2 x \cdot \cos x\, dx = \frac{1}{3}\sin^3 x + C$ **87**

e) $\int \sin(2x) \cdot \cos(\frac{1}{2}x)\, dx = 2\sin(2x) \cdot \sin(\frac{1}{2}x) - 4\int \cos(2x) \cdot \sin(\frac{1}{2}x)\, dx$

$$= 2\sin(2x) \cdot \sin(\tfrac{1}{2}x) + 8\cos(2x) \cdot \cos(\tfrac{1}{2}x) + 16\int \sin(2x) \cdot \cos(\tfrac{1}{2}x)\, dx$$

$$-15\int \sin(2x) \cdot \cos(\tfrac{1}{2}x)\, dx = 2\sin(2x) \cdot \sin(\tfrac{1}{2}x) + 8\cos(2x) \cdot \cos(\tfrac{1}{2}x)$$

$$\int \sin(2x) \cdot \cos(\tfrac{1}{2}x)\, dx = -\tfrac{2}{15}\sin(2x) \cdot \sin(\tfrac{1}{2}x) - \tfrac{8}{15}\cos(2x) \cdot \cos(\tfrac{1}{2}x) + C$$

f) $\int e^x \cdot \sin x\, dx = -e^x \cdot \cos x + \int e^x \cdot \cos x\, dx = -e^x \cdot \cos x + e^x \cdot \sin x - \int e^x \cdot \sin x\, dx$

$2\int e^x \cdot \sin x\, dx = -e^x \cdot \cos x + e^x \cdot \sin x$

$\int e^x \cdot \sin x\, dx = \frac{1}{2}e^x(\sin x - \cos x) + C$

6. $\int \ln(x^2)\, dx = \int 2\ln x\, dx = 2x \cdot \ln x - 2x + C$

$\int \frac{\ln x}{x}\, dx = \ln x \cdot \ln x - \int \frac{\ln x}{x}\, dx$, $2\int \frac{\ln x}{x}\, dx = \ln x \cdot \ln x$

$\int \frac{\ln x}{x}\, dx = \frac{1}{2}\ln x \cdot \ln x + C = \frac{1}{2}(\ln x)^2 + C$

7. $\int \ln x \cdot \ln x\, dx = \ln x(x \cdot \ln x - x) - \int(\ln x - 1)\, dx = \ln x(x \cdot \ln x - x) - (x \cdot \ln x - x) + x + C$

$$= x \cdot (\ln x)^2 - 2x \cdot \ln x + 2x + C$$

8. $\int f(x) \cdot f'(x)\, dx = f^2(x) - \int f'(x) \cdot f(x)\, dx$, $\int f(x) \cdot f'(x)\, dx = \frac{1}{2}f^2(x) + C$

9. $\int \sqrt{x} \cdot \ln x\, dx = \frac{2}{3}x^{\frac{3}{2}} \cdot \ln x - \frac{2}{3}\int x^{\frac{3}{2}} \cdot \frac{1}{x}\, dx = \frac{2}{3}x^{\frac{3}{2}} \cdot \ln x - \frac{4}{9}x^{\frac{3}{2}} + C$

$\int x^n \cdot \ln x\, dx = \frac{1}{n+1}x^{n+1} \cdot \ln x - \frac{1}{n+1}\int x^{n+1} \cdot \frac{1}{x}\, dx = \frac{1}{n+1}x^{n+1} \cdot \ln x - \frac{1}{(n+1)^2}x^{n+1} + C$

10. $\int \arctan x\, dx = x \cdot \arctan x - \int \frac{x}{1+x^2}\, dx = x \cdot \arctan x - \frac{1}{2}\ln(1+x^2) + C$

2. Die Substitutionsmethode

89 1. a) $4x+1=z$, $dx=\frac{1}{4}dz$: $\frac{1}{4}\int z^3 dz = \frac{1}{16}(4x+1)^4 + C$

b) $x^2 = z$, $dx = \frac{1}{2x}dz$: $\frac{1}{2}\int \sin z\, dz = -\frac{1}{2}\cos(x^2) + C$

c) $4-2x = z$, $dx = -\frac{1}{2}dz$: $-\frac{1}{2}\int \sqrt{z}\, dz = -\frac{1}{3}\sqrt{(4-2x)^3} + C$

d) $2x+4 = z$, $dx = \frac{1}{2}dz$: $\frac{1}{2}\int \sin z\, dz = -\frac{1}{2}\cos(2x+4) + C$

e) $3x+2 = z$, $dx = \frac{1}{3}dz$: $\frac{1}{3}\int \frac{2}{z^2}dz = -\frac{1}{3}\cdot\frac{2}{3x+2} + C$

f) $ax+b = z$, $dx = \frac{1}{a}dz$: $\frac{1}{a}\int \sqrt{z}\, dz = \frac{2}{3a}\sqrt{(ax+b)^3} + C$

2. Es fehlt jeweils die Integrationskonstante.

3. a) $x+1=z$, $dx = dz$: $\int \frac{z-1}{\sqrt{z}}dz = \int(\sqrt{z}-\frac{1}{\sqrt{z}})dz = \frac{2}{3}\sqrt{(x+1)^3} - 2\sqrt{x+1} + C$

b) $4-x^2 = z$, $dx = -\frac{1}{2x}dz$: $-\frac{1}{2}\int \frac{1}{\sqrt{z}}dz = -\sqrt{4-x^2} + C$

c) $\sqrt{x}+1 = z$, $dx = 2\sqrt{x}dz$: $2\int(\sqrt{z^3}-\sqrt{z})dz = \frac{4}{5}(\sqrt{x}+1)^{\frac{5}{2}} - \frac{4}{3}(\sqrt{x}+1)^{\frac{3}{2}} + C$

90 4. $\sqrt{1-x} = z$, $dx = -2\sqrt{1-x}\,dz$: $-2\int(1-z^2)dz = -2\sqrt{1-x} + \frac{2}{3}\sqrt{(1-x)^3} + C$ bzw.

$1-x = z$, $dx = -dz$: $-\int(\frac{1}{\sqrt{z}}-\sqrt{z})dz = -2\sqrt{1-x} + \frac{2}{3}\sqrt{(1-x)^3} + C$

5. $x = \tan z$, $dx = \frac{1}{\cos^2 z}dz$: $\int \frac{1}{1+\tan^2 z}\cdot\frac{1}{\cos^2 z}dz = \int dz = \arctan x + C$

6. $x = \sqrt{\sin z}$, $dx = \frac{\cos z}{2\sqrt{\sin z}}$: $\int \frac{\sqrt{\sin z}}{\cos z}\cdot\frac{\cos z}{2\sqrt{\sin z}}dz = \frac{1}{2}\int dz = \frac{1}{2}z + C = \frac{1}{2}\arcsin(x^2) + C$

92 7. a) $\int(3x+5)^4 dx = \frac{1}{3}\int z^4 dz = \frac{1}{15}z^5 + C = \frac{1}{15}(3x+5)^5 + C$

b) $\int \cos(2x+3)dx = \frac{1}{2}\int z\, dz = \frac{1}{2}\sin z + C = \frac{1}{2}\sin(2x+3) + C$

c) $\int(1-x)^2 dx = -\int z^2 dz = -\frac{1}{3}z^3 + C = -\frac{1}{3}(1-x)^3 + C$

d) $\int \sin x\cdot\cos^2 x\, dx = -\int z^2 dz = -\frac{1}{3}z^3 + C = -\frac{1}{3}\cos^3 x + C$

e) $\int \frac{x^3}{(1+x^4)^2}dx = \frac{1}{4}\int \frac{1}{z^2}dz = -\frac{1}{4}\frac{1}{z} + C = -\frac{1}{4(1+x^4)} + C$

f) $\int \frac{\sin x}{\cos^4 x}dx = \int \frac{-1}{z^4}dz = \frac{1}{3}\cdot\frac{1}{z^3} + C = \frac{1}{3\cos^3 x} + C$

8. a) $\int\limits_0^1 \frac{1}{(1+x)^2}\,dx = \int\limits_1^2 \frac{1}{z^2}\,dz = [-\frac{1}{z}]_1^2 = \frac{1}{2}$

b) $\int \sqrt{9-2x}\,dx = -\frac{1}{2}\int \sqrt{z}\,dz = -\frac{1}{2}\cdot z^{3/2} + C = -\frac{1}{3}(9-2x)^{3/2} + C$

$\int\limits_0^4 \sqrt{9-2x}\,dx = [-\frac{1}{3}(9-2x)^{3/2}]_0^4 = 8\frac{2}{3}$

c) $\int \frac{x^2}{\sqrt{1-x^3}}\,dx = -\int \frac{dz}{3\sqrt{z}} = -\frac{2}{3}\sqrt{z} + C = -\frac{2}{3}\sqrt{1-x^3} + C$

$\int\limits_0^{0,5} \frac{x^2}{\sqrt{1-x^3}}\,dx = [-\frac{2}{3}\sqrt{1-x^3}]_0^{0,5} \approx 0,043$

d) $\int \frac{x}{\sqrt[3]{1+x^2}}\,dx = \frac{1}{2}\int \frac{1}{\sqrt[3]{t}}\,dt = \frac{3}{4}t^{\frac{2}{3}} + C = \frac{3}{4}(1+x^2)^{\frac{2}{3}} + C, \quad [\frac{3}{4}(1+x^2)^{\frac{2}{3}} + C]_1^2 \approx -1,0025$

e) $\int x\cdot\sqrt{5-x}\,dx = -\int (5-t)\sqrt{t}\,dt = \int (t^{\frac{3}{2}} - 5\sqrt{t})\,dt = \frac{2}{5}t^{\frac{5}{2}} - \frac{10}{3}t^{\frac{3}{2}} + C$

$= \frac{2}{5}(5-x)^{\frac{5}{2}} - \frac{10}{3}(5-x)^{\frac{3}{2}} + C, \quad [\frac{2}{5}(5-x)^{\frac{5}{2}} - \frac{10}{3}(5-x)^{\frac{3}{2}}]_1^5 \approx 13,87$

f) $\int \frac{x}{\sqrt{5x+1}}\,dx = \frac{1}{25}\int \frac{z-1}{\sqrt{z}}\,dz = \frac{1}{25}\int (\sqrt{z} - \frac{2}{2\sqrt{z}})\,dz = \frac{1}{25}(\frac{2}{3}z^{\frac{3}{2}} - 2\sqrt{z}) + C$

$= \frac{2}{75}(5x+1)^{\frac{3}{2}} - \frac{2}{25}\sqrt{5x+1} + C = [\frac{2}{75}(5x+1)^{\frac{3}{2}} - \frac{2}{25}\sqrt{5x+1} + C]_0^3 = \frac{28}{75} \approx 0,3733$

9. a) $x = \frac{1}{z}, \quad \int \frac{1}{x\cdot\sqrt{x^2-1}}\,dx = \int \frac{z}{\frac{1}{z}\cdot\sqrt{1-z^2}}(-\frac{1}{z^2})\,dz = -\int \frac{1}{\sqrt{1-z^2}}\,dz$

$= -\int \frac{\cos u}{\cos u}\,du = -u + C = -\arcsin(\frac{1}{x}) + C \quad (z = \sin u)$

b) $\int \frac{x}{\sqrt{a^2-x^2}}\,dx = -\frac{1}{2}\int \frac{dz}{\sqrt{z}} = -\sqrt{z} + C = -\sqrt{a^2-x^2} + C$

c) $\int \frac{1}{\sin^2 x}\,dx = \int dz = z + C = \tan x + C$

d) $\int \sqrt{9-x^2}\,dx = \int \sqrt{9-9\sin^2 z}\cdot 3\cos z\,dz = 9\int \cos^2 z\,dz = \frac{9}{2}(z + \sin z\cdot\cos z) + C$

$= 4,5(\arcsin\frac{x}{3} + \frac{x}{9}\cdot\sqrt{9-x^2}) + C \quad (\cos z = \sqrt{1-\frac{x^2}{9}})$

92

10.a) $x = z^2$, $\int \frac{1}{\sqrt{\sqrt{x}+1}} dx = \int \frac{2z}{\sqrt{z+1}} dz = \int \frac{2(u^2-1)\cdot 2u}{u} du = 4\int (u^2-1)du = 4(\frac{1}{3}u^3 - u) + C$

   $u = \sqrt{z+1}$ $= \frac{4}{3}(\sqrt{z+1}^3 - 3\sqrt{z+1}) + C = \frac{4}{3}\sqrt{x} \cdot \sqrt{\sqrt{x}+1} + C$

b) $\sin x = z$, $\int \sin^3 x \cdot \cos^3 x\, dx = \int z^3 \cdot (1-z^2)dz = \int (-z^5 + z^3)dz$

   $= -\frac{1}{6}z^6 + \frac{1}{4}z^4 + C = -\frac{1}{6}\sin^6 x + \frac{1}{4}\sin^4 x + C$

c) $x = \sin z$, $\int \frac{x^2}{\sqrt{1-x^2}} dx = \int \frac{\sin^2 z}{\sqrt{1-\sin^2 z}} \cdot \cos z\, dz = \int \sin^2 z\, dz = \frac{1}{2}(z - \sin z \cdot \cos z) + C$

   $(\cos z = \sqrt{1-x^2})$ $= \frac{1}{2}(\arcsin x - x \cdot \sqrt{1-x^2}) + C$

11.a) Halbkreisfläche: $\int_{-r}^{r} \sqrt{r^2 - x^2}\, dx$, $x^2 + y^2 = r^2$ $\Rightarrow$ $y = \sqrt{r^2 - x^2}$, $A = 2 \cdot A_{HK}$

b) $x = r \cdot \sin z$

   $\int \sqrt{r^2 - x^2}\, dx = \int \sqrt{r^2 - r^2 \cdot \sin^2 z} \cdot r \cdot \cos z\, dz = r^2 \int \cos^2 z\, dz = \frac{r^2}{2}(\sin z \cdot \cos z + z) + C$

   $= \frac{r^2}{2}(\frac{x}{r^2} \cdot \sqrt{r^2 - x^2} + \arcsin \frac{x}{r}) + C$

   $= \frac{x}{2} \cdot \sqrt{r^2 - x^2} + \frac{r^2}{2} \cdot \arcsin \frac{x}{r} + C$

   Re substitution mit:

   $z = \arcsin \frac{x}{r}$, $\cos z = \sqrt{1 - \sin^2 (\arcsin \frac{x}{r})} = \sqrt{1 - \frac{x^2}{r^2}} = \frac{1}{r} \cdot \sqrt{r^2 - x^2}$

   $\int_{-r}^{r} \sqrt{r^2 - x^2}\, dx = [\frac{x}{2} \cdot \sqrt{r^2 - x^2} + \frac{r^2}{2} \cdot \arcsin \frac{x}{r} + C]_{-r}^{r} = \frac{r^2 \cdot \pi}{2}$

12. $y = b \cdot \sqrt{1 - \frac{x^2}{a^2}} = \frac{b}{a} \cdot \sqrt{a^2 - x^2}$

   $A = 2 \int_{-a}^{a} \frac{b}{a} \cdot \sqrt{a^2 - x^2}\, dx = 2 \cdot \frac{b}{a} \cdot [\frac{x}{2} \cdot \sqrt{a^2 - x^2} + \frac{a^2}{2} \cdot \arcsin \frac{x}{a}]_{-a}^{a}$

   $= 2 \cdot \frac{b}{a}(\frac{a^2}{2} \cdot \frac{\pi}{2} - \frac{a^2}{2} \cdot (-\frac{\pi}{2})) = ab\pi$

3. Exkurs: Integration durch Partialbruchzerlegung

1. a) $f(x) = \frac{x+2}{x(x-2)} = \frac{-1}{x} + \frac{2}{x-2}$, $F(x) = -\ln|x| + 2\ln|x-2| + C$ **94**

   b) $f(x) = \frac{3x+1}{(x-1)(x+1)} = \frac{2}{x-1} + \frac{1}{x+1}$, $F(x) = 2\ln|x-1| + \ln|x+1| + C$

   c) $f(x) = \frac{2}{x^2-1} = \frac{1}{x-1} - \frac{1}{x-1}$, $F(x) = \ln|x-1| - \ln|x+1| + C$

2. a) $f(x) = \frac{x-6}{x^2(x-2)} = \frac{1}{x} + \frac{3}{x^2} - \frac{1}{x-2}$, $F(x) = \ln|x| - \frac{3}{x} - \ln|x-2| + C$

   b) $f(x) = \frac{2x^2+3}{(x-1)^2 x} = \frac{-1}{x-1} + \frac{5}{(x-1)^2} + \frac{3}{x}$, $F(x) = -\ln|x-1| - \frac{5}{x-1} + 3\ln|x| + C$

   c) $f(x) = \frac{3x+1}{(x+1)^2(x-1)} = \frac{-1}{x+1} + \frac{1}{(x+1)^2} + \frac{1}{x-1}$, $F(x) = -\ln|x+1| - \frac{1}{x+1} + \ln|x-1| + C$

3. a) $f(x) = \frac{x^2+x+2}{(x^2+1)x} = \frac{2}{x} + \frac{1-x}{x^2+1} = \frac{2}{x} - \frac{1}{2}\frac{2x}{x^2+1} + \frac{1}{x^2+1}$, $F(x) = 2\ln|x| - \frac{1}{2}\ln|x^2+1| + \arctan x + C$ **95**

   b) $f(x) = \frac{5x^2-4x+12}{(x^2+4)(x-2)} = \frac{3}{x-2} + \frac{2x}{x^2+4}$, $F(x) = 3\ln|x-2| + \ln|x^2+4| + C$

   c) $f(x) = \frac{3x^2-x+1}{x(x^2+1)} = \frac{1}{x} + \frac{2x}{x^2+1} - \frac{1}{x^2+1}$, $F(x) = \ln|x| + \ln|x^2+1| - \arctan x + C$

   d) $f(x) = \frac{2x^3-2x^2+2x-4}{(x^2+2)(x^2+1)} = \frac{2x}{x^2+2} - 2\frac{1}{x^2+1}$, $F(x) = \ln|x^2+2| - 2\arctan x + C$

4. a) $F(x) = 4\ln|x-1| + C$ b) $F(x) = -\frac{1}{(x-1)} - \frac{2}{(x-2)^3} + C$ **96**

   c) $x = 2z$, $dx = 2dz$: $\frac{1}{2}\int \frac{1}{z^2+1}\,dz = \frac{1}{2}\arctan\frac{x}{2} + C$

5. a) Schnittpunkte von f und g: S(1|4) und S(2|1)

   $$\int_1^2 \left(\frac{4}{x^2} - \frac{4}{3x-2}\right)dx = \left[-\frac{4}{x} - \frac{4}{3}\ln|3x-2|\right]_1^2 = -2 - \frac{4}{3}\ln 4 + 4 \approx 0{,}152$$

   Flächeninhalt ca. 0,152 FE

   b) $x = \sqrt{2}z$, $dx = \sqrt{2}dz$: $F(x) = \frac{1}{\sqrt{2}}\int \frac{1}{z^2+1}\,dz = \frac{1}{\sqrt{2}}\arctan\frac{x}{\sqrt{2}} + C$

   $$\int_0^\infty (f(x)-g(x))dx \approx 0{,}46$$

   Die sich nach rechts und links ins Unendliche erstreckende Fläche hat den Inhalt 0,92.

6. a) $f(x) = \frac{2}{x(x-2)} = -\frac{1}{x} + \frac{1}{x-2}$, $F(x) = -\ln|x| + \ln|x-2| + C$

   b) $f(x) = \frac{3x^2+3x+2}{(x-1)(x+1)^2} = \frac{2}{x-1} + \frac{1}{x+1} - \frac{1}{(x+1)^2}$, $F(x) = 2\ln|x-1| + \ln|x+1| + \frac{1}{x+1} + C$

   c) $f(x) = \frac{9-3x}{(x+3)(x^2+9)} = \frac{1}{x+3} - \frac{1}{2}\frac{2x}{x^2+9}$, $F(x) = \ln|x+3| - \frac{1}{2}\ln|x^2+9| + C$

96

6. d) $f(x) = \frac{3x^2 - 15x}{(x+1)(x-2)^2} = \frac{2}{x+1} + \frac{1}{x-2} - \frac{6}{(x-2)^2}$, $F(x) = 2\ln|x+1| + \ln|x-2| + \frac{6}{x-2} + C$

   e) $f(x) = \frac{3}{(4x-1)(2x+1)} = \frac{1}{2}\frac{4}{4x-1} - \frac{1}{2}\frac{2}{2x+1}$, $F(x) = \frac{1}{2}\ln|4x-1| - \frac{1}{2}\ln|2x+1| + C$

   f) $f(x) = \frac{x^2+5}{x(x^2-4x+5)} = \frac{1}{x} + \frac{4}{x^2-4x+4+1} = \frac{1}{x} + 4\frac{1}{(x-2)^2+1}$, $F(x) = \ln|x| + 4\arctan(x-2) + C$

7. a) $f(x) = \frac{6x+5}{x^2+1} = 3\frac{2x}{x^2+1} + 5\frac{1}{x^2+1}$, $F(x) = 3 \cdot \ln|x^2+1| + 5 \cdot \arctan x + C$

   b) $f(x) = \frac{3x+4}{x^2+4} = 1{,}5\frac{2x}{x^2+4} + \frac{4}{4u^2+4}$, $2\int \frac{4}{4u^2+4}\,du = 2\arctan u$

   $F(x) = 1{,}5 \cdot \ln|x^2+4| + 2 \cdot \arctan\frac{x}{2} + C$

   c) $f(x) = \frac{4x+3}{4x^2+1} = \frac{1}{2}\frac{8x}{4x^2+1} + \frac{3}{4x^2+1}$, $\int \frac{3}{4x^2+1}\,dx = \frac{3}{2}\int \frac{1}{u^2+1} = \frac{3}{2}\arctan u$

   $F(x) = \frac{1}{2} \cdot \ln|4x^2+1| + \frac{3}{2} \cdot \arctan(2x) + C$

8. a) $F(x) = \int \frac{2x+5}{x^2+1}\,dx = \int (\frac{2x}{x^2+1} + 5 \cdot \frac{1}{x^2+1})\,dx = \ln|x^2+1| + 5 \cdot \arctan x + C$

   $A = F(0) - F(-2{,}5) \approx -1{,}981 + 5{,}951 = 3{,}97$

   b) Wegen $F(x) \to \infty$ für $x \to \infty$ gibt es keinen endlichen Inhalt.

5. Das Volumen von Rotationskörpern

98

1. $f(x) = a\sqrt{x}$, $P(20|30)$, $30 = a\sqrt{20}$, $a = \frac{15}{\sqrt{5}}$, $f(x) = 3\sqrt{5x}$

   $V = \pi\int_0^{20} (3\sqrt{5x})^2\,dx = \pi\int_0^{20} 45x\,dx = \pi[\frac{45}{2}x^2]_0^{20} = 9000\pi \approx 28274{,}33\text{cm}^3 \approx 28{,}3$ Liter

99

2. $V = \pi\int_1^2 (x^2+1)^2\,dx = \pi[\frac{1}{5}x^5 + \frac{2}{3}x^3 + x]_1^2 = 37{,}28$

3. $V = \pi\int_0^h r^2\,dx = [\pi r^2 \cdot x]_0^h = \pi r^2 h$

101

4. a) $V = \pi\int_1^4 x\,dx = \pi[\frac{1}{2}x^2]_1^4 = 7{,}5\pi \approx 23{,}56$

   b) $V = \pi\int_{-1}^1 (x^8 - 2x^6 + x^4)\,dx = \pi[\frac{1}{9}x^9 - \frac{2}{7}x^7 + \frac{1}{5}x^5]_{-1}^1 = 2\pi \cdot (\frac{1}{9} + \frac{1}{5} - \frac{2}{7}) \approx 0{,}16$

   c) $V = \pi \cdot \int_{-2}^1 (\frac{1}{4}x^2 + 2x + 4)\,dx = \pi[\frac{1}{12}x^3 + x^2 + 4x]_{-2}^1 = 9{,}75\pi \approx 30{,}63$

4. d) $V = \pi \int\limits_0^4 ((x-2)^4 - 8(x-2)^2 + 16)dx = \pi[\frac{1}{5}(x-2)^5 - \frac{8}{3}(x-2)^3 + 16x]_0^4 \approx 107,23$

   e) $V = \pi \int\limits_{-1}^{1} (1-x^2)dx = \pi[x - \frac{1}{3}x^3]_{-1}^1 = \frac{4}{3}\pi$

   f) $V = \pi \int\limits_0^2 f^2(x)dx = \pi[\frac{1}{7}x^7 - \frac{2}{3}x^6 + \frac{6}{5}x^5 - x^4 + \frac{1}{3}x^3]_0^2 = \frac{24}{35}\pi \approx 2,15$

5. a) $f(x) = b \cdot \sqrt{1-(\frac{x}{a})^2}$, $f(0) = 2$, $b = 2$, $f(3) = 0$, $a = 3$

   $f(x) = 2 \cdot \sqrt{1 - \frac{x^2}{9}}$

   b) $V = 2\pi \int\limits_0^3 f^2(x)dx = 8\pi[x - \frac{x^3}{27}]_0^3 = 16\pi \approx 50,27$

   Das Eivolumen beträgt ca. $50,27 \text{ cm}^3$.

6. a) $f(x) = a\sqrt{x}$, $f(3) = 2$, $a \approx 1,15$, $f(x) = 1,15\sqrt{x}$

   b) Volumen: $V = 4\pi \cdot 4 - 4\pi \int\limits_0^3 \frac{x}{3}dx = 4\pi \cdot 4 - 4\pi[\frac{1}{6}x^2]_0^3 = 10\pi \approx 31,42$

   c) $V_{\text{Zylinder}} = \pi \cdot 4 \cdot h \approx 6\pi \Rightarrow h = 1,5$

   Die Flüssigkeit steht bis zur Höhe von 1,5 auf der x-Achse, also 2,5 über dem Boden des Behälters.

7. a) $f(5) = 3 \Rightarrow c = 15$, $f(x) = \frac{15}{x}$

   b) Durchmesser: $f(15) = 1$, $d = 2 \text{ cm}$

   c) $V = 9\pi \cdot 15 + \pi \cdot \int\limits_5^{15} \frac{225}{x^2}dx = 135\pi + \pi \cdot [-\frac{225}{x}]_5^{15} = \pi(135 + 30) \approx 518,36 \text{ cm}^3$

   d) $g(x) = \frac{1}{25}x^2 + 2$

   e) $V = 45\pi + 2\pi \cdot \int\limits_0^5 (g(x))^2 dx + 30\pi$

   $= 75\pi + 2\pi \cdot [\frac{1}{3125}x^4 + \frac{4}{75}x^3 + 4x]_0^5 = \pi(75 + \frac{166}{3}) \approx 409,45 \text{ cm}^3$

   f) $A = 5 \cdot 6 + 4\int\limits_0^5 (\frac{1}{25}x^2 + 2)dx + 2\int\limits_5^{15} \frac{15}{x}dx$

   $= 30 + 4[\frac{1}{75}x^3 + 2x]_0^5 + 2[15 \cdot \ln x]_5^{15} = 30 + \frac{140}{3} + 30(\ln 15 - \ln 5) \approx 109,63 \text{ cm}^2$

102 Scheinwerfer

$f(x) = \sqrt{10} \cdot \sqrt{x}$, $g(x) = 10 \cdot \sqrt{11-x}$

$$V = \pi \int_0^{10} 10x\,dx + \pi \int_{10}^{11} 100(11-x)\,dx = \pi[5x^2]_0^{10} + \pi[100(11x - \tfrac{1}{2}x^2]_{10}^{11} = 550\pi \approx 1727,88 \text{ cm}^3$$

Test

104 1. a) $\displaystyle\int \frac{x}{\sqrt{7-x^2}}\,dx = \int \frac{-1}{2\sqrt{z}}\,dz = -\cdot\sqrt{z} + C = -\sqrt{7-x^2} + C$ $(z = 7-x^2)$

$$\int_0^{\sqrt{3}} \frac{x}{\sqrt{7-x^2}}\,dx = [-\sqrt{7-x^2}\,]_0^{\sqrt{3}} = -2 + \sqrt{7} \approx 0,65$$

b) $\displaystyle\int_0^{\pi} x \cdot \underbrace{\sin x}_{v'} dx = [-x \cdot \cos x]_0^{\pi} + \int_0^{\pi} \cos x\,dx = [-x \cdot \cos x]_0^{\pi} + [\sin x]_0^{\pi} = \pi$

(Note: u under x, v' under $\sin x$)

c) $\displaystyle\int 4\cos(2x+\pi)\,dx = \frac{1}{2}\int 4\cos z\,dz = 2\sin z + C = 2\sin(2x+\pi) + C$

$$\int_0^{\pi/4} 4\cos(2x+\pi)\,dx = [2\sin(2x+\pi)]_0^{\pi/4} = -2$$

d) $\displaystyle\int \underbrace{3x^2}_{u} \cdot \underbrace{\cos(x+\tfrac{\pi}{4})}_{v'}\,dx = 3x^2 \cdot \sin(x+\tfrac{\pi}{4}) - \int 6x \cdot \sin(x+\tfrac{\pi}{4})\,dx$

$$= 3x^2 \cdot \sin(x+\tfrac{\pi}{4}) + 6x \cdot \cos(x+\tfrac{\pi}{4}) - \int 6 \cdot \cos(x+\tfrac{\pi}{4})\,dx$$

$$= 3x^2 \cdot \sin(x+\tfrac{\pi}{4}) + 6x \cdot \cos(x+\tfrac{\pi}{4}) - 6\sin(x+\tfrac{\pi}{4}) + C$$

e) $\displaystyle\int \sqrt{a-bx}\,dx = -\frac{1}{b}\int\sqrt{z}\,dz = -\frac{1}{b}\cdot\frac{2}{3}z^{\frac{3}{2}} + C = -\frac{2}{3b}(a-bx)^{\frac{3}{2}} + C$

f) $\displaystyle\int \sin x \cdot \cos x\,dx = \int u\,du = \frac{1}{2}u^2 + C = \frac{1}{2}\sin^2 x + C$

oder: $\displaystyle\int \underbrace{\sin x}_{u} \cdot \underbrace{\cos x}_{v'} dx = \sin^2 x - \int \cos x \cdot \sin x\,dx$, $2\int \sin x \cdot \cos x\,dx = \sin^2 x + C$

g) $\displaystyle\int \sqrt{\sqrt{x}+1}\,dx = \int \sqrt{u+1} \cdot 2u\,du = 2\int (v^2-1)\cdot 2v \cdot v\,dv = 4\int (v^4 - v^2)\,dv$

$$= 4(\tfrac{1}{5}v^5 - \tfrac{1}{3}v^3) + C = 4(\tfrac{1}{5}(\sqrt{u+1})^5 - \tfrac{1}{3}(\sqrt{u+1})^3) + C$$

$$= 4\sqrt{u+1}(\tfrac{1}{5}(u+1)^2 - \tfrac{1}{3}(u+1)) + C$$

$$= 4\sqrt{\sqrt{x}+1}(\tfrac{1}{5}(\sqrt{x}+1)^2 - \tfrac{1}{3}(\sqrt{x}+1)) + C$$

$$= 4\sqrt{\sqrt{x}+1}(\tfrac{1}{5}x + \tfrac{1}{15}\sqrt{x} - \tfrac{2}{15}) + C$$

mit $\sqrt{x} = u$ und $u+1 = v^2$

h) $\int \sqrt{1-x^2}\,dx = \int \sqrt{1-\sin^2 z} \cdot \cos z\,dz = \int \cos z \cdot \cos z\,dz = \frac{1}{2}(z+\sin z \cdot \cos z)+C$ 104

$\qquad = \frac{1}{2}(\arcsin x + x \cdot \sqrt{1-x^2}\,)+C$

$\int\limits_{0}^{0,5} \sqrt{1-x^2}\,dx = [\frac{1}{2}(\arcsin x + x \cdot \sqrt{1-x^2}\,)]_0^{0,5} = \frac{\pi}{12}+\frac{\sqrt{3}}{8} \approx 0,4783$

2. a) $f(x) = \frac{2}{3x-1}+\frac{3}{x+1}, \quad F(x) = \frac{2}{3}\ln|3x-1|+3\ln|x+1|+C$

b) $f(x) = \frac{5}{x+1}+\frac{2}{4x+1}, \quad F(x) = 5\ln|x+1|+\frac{1}{2}\ln|4x+1|+C$

c) $f(x) = \frac{4}{x}+\frac{2}{2x-1}, \quad F(x) = 4\ln|x|+\ln|2x-1|+C$

d) $f(x) = \frac{4}{x+2}+\frac{2}{x-1}+\frac{1}{(x-1)^2}, \quad F(x) = 4\ln|x+2|+2\ln|x-1|-\frac{1}{x-1}+C$

e) $f(x) = \frac{1}{x-3}+\frac{3}{x+2}+\frac{5}{(x+2)^2}, \quad F(x) = \ln|x-3|+3\ln|x+2|-\frac{5}{x+2}+C$

f) $f(x) = \frac{4}{x}+\frac{1}{x-3}+\frac{3}{(x-3)^2}, \quad F(x) = 4\ln|x|+\ln|x-3|-\frac{3}{x-3}+C$

3. $V = 2\pi\int\limits_{0}^{1}(x-x^4)dx = 2\pi[\frac{1}{2}x^2-\frac{1}{5}x^5]_0^1 = \frac{3}{5}\pi \approx 1,88$

IV. Funktionsuntersuchungen
1. Exponentialfunktionen

106

1. a) $(e^{-x})' = -e^{-x}$ b) $(e^{1-2x})' = -2e^{1-2x}$ c) $(e^{\sqrt{x}})' = \frac{1}{2\sqrt{x}}e^{\sqrt{x}}$

   d) $(2^{-x^2})' = \ln 2 \cdot 2^{-x^2} \cdot (-2x)$

2. a) $\int e^{-x}dx = -e^{-x} + C$ b) $\int e^{1-2x}dx = -\frac{1}{2}e^{1-2x} + C$

   c) $\int e^{0,5x-1}dx = 2 \cdot e^{0,5x-1} + C$ d) $\int 2^{-0,5x}dx = \frac{1}{\ln 2} \cdot (-2) \cdot 2^{-0,5x} + C$

112

3. a) $f'(x) = xe^x$, $f''(x) = (1+x)e^x$, $f'''(x) = (2+x)e^x$

   b) Nullstelle ist $x = 1$

   c) Extremum: $f'(x) = 0$ für $x = 0$, $f''(0) = 1 > 0$, $T(0|-1)$

   Wendepunkt: $f''(x) = 0$ für $x = -1$, $f'''(-1) = e^{-1} \neq 0$, $W(-1|-2e^{-1})$

   d) $f(x) \to \infty$ für $x \to \infty$, $f(x) \to 0$ für $x \to -\infty$

   e) Graph siehe Aufgabe

4. a) $F'(x) = (x-1)e^x = f(x)$

   b) $A = -(F(1)-F(0)) = -(-e+2) \approx 0,718282 \text{ km}^2 = 718282 \text{ m}^2$; Verkaufspreis: 574626 Euro

   c) $A = -(F(0)-F(-2)) = -(-2+4e^{-2}) \approx 1458659 \text{ m}^2$

5. a) $f'(x) = e^x - 1$, $f''(x) = e^x$

   Extrema: $f'(x) = 0$ für $x = 0$, $f''(0) = 1 > 0$, $T(0|1)$

   Wendepunkt: $f''(x) \neq 0$, kein Wendepunkt

   b) Da der Tiefpunkt bei $y = 1 > 0$ liegt und kein Wendepunkt existiert, kann f keine Nullstellen besitzen.

   c) $P(1|e-1)$, $z(x) = (e-1)x$, $f'(1) = e - 1$: z mündet tangential in die Autobahn.

   $|BP| = \sqrt{1+(e-1)^2} \approx 2 \text{ km}$

   In 60 min werden 30 km zurückgelegt, also braucht man für 2 km 4 Minuten.

   d) $A = \int_0^1 (f(x) - z(x))dx = \int_0^1 (e^x - ex)dx = [e^x - \frac{e}{2}x^2]_0^1 = e - \frac{e}{2} - 1 \approx 0,359 \text{ km}^2 \approx 36 \text{ ha}$

6. a) Nullstelle: $x = 0$

   Extrema: $f'(x) = (1+x)e^{x+1}$, $f''(x) = (2+x)e^{x+1}$

   $f'''(x) = (3+x)e^{x+1}$

   $f'(x) = 0$ für $x = -1$, $f''(-1) = 1 > 0$, $T(-1|-1)$

   Wendepunkt: $f''(x) = 0$ für $x = -2$, $f'''(-2) = e^{-1} \neq 0$

   $W(-2|-0,74)$

b)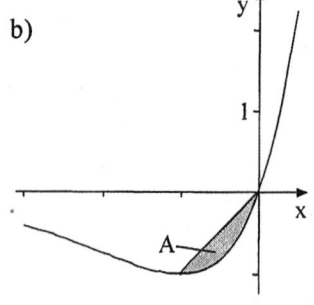

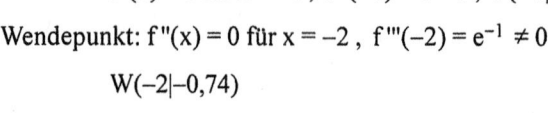

c) $P(-1|-1)$: $s(x) = x$

112

Größe des Flächenstücks:

$$A = \int_{-1}^{0} (s(x) - f(x))dx = \int_{-1}^{0} (x - xe^{x+1})dx = [\tfrac{1}{2}x^2 - (x-1)e^{x+1}]_{-1}^{0} = e - \tfrac{1}{2} - 2 \approx 0,22$$

Sekantenlänge: $l = \sqrt{(-1)^2 + (-1)^2} = \sqrt{2} \approx 1,41$

113

7. a) Nullstelle: $x = -1$

$f'(x) = (1-x)e^{-0,5x}$, $f''(x) = (-1,5+0,5x)e^{-0,5x}$

$f'''(x) = (1,25-0,25x)e^{-0,5x}$

Extremum: $f'(x) = 0$ für $x = 1$, $f''(1) = -e^{-0,5} < 0$

$H(1|4e^{-0,5}) = H(1|2,43)$

Wendepunkt: $f''(x) = 0$ für $x = 3$, $f'''(3) \neq 0$

$W(3|8e^{-1,5}) = W(3|1,79)$

Verhalten für $|x| \to \infty$:

$x \to -\infty$: $f(x) \to -\infty$, $x \to \infty$: $f(x) \to 0$

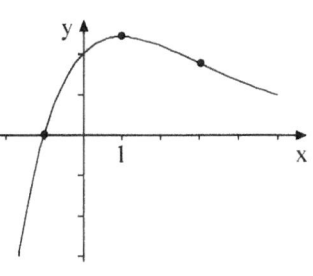

b) Nullstelle: $x = 1$

$f'(x) = (x-2)e^{2-x}$, $f''(x) = (3-x)e^{2-x}$

$f'''(x) = (x-4)e^{2-x}$

Extremum: $f'(x) = 0$ für $x = 2$, $f''(2) = 1 > 0$

$T(2|-1)$

Wendepunkt: $f''(x) = 0$ für $x = 3$, $f'''(3) = -e^{-1} \neq 0$

$W(3|-2e^{-1}) = W(3|0,74)$

Verhalten für $|x| \to \infty$:

$x \to -\infty$: $f(x) \to \infty$, $x \to \infty$: $f(x) \to 0$

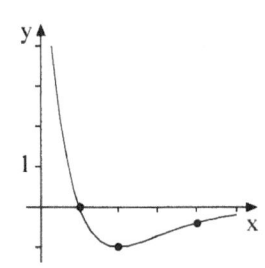

c) Nullstelle: $e^{2x} = 2$, $x = \frac{\ln 2}{2} \approx 0,35$

$f'(x) = e^x + 2e^{-x}$, $f''(x) = e^x - 2e^{-x}$

$f'''(x) = e^x + 2e^{-x}$

Extrema: keine

Wendepunkt: $f''(x) = 0$ für $x = \frac{\ln 2}{2} \approx 0,35$, $f'''(0,35) \neq 0$

$W(0,35|0)$

Verhalten für $|x| \to \infty$:

$x \to -\infty$: $f(x) \to -\infty$, $x \to \infty$: $f(x) \to \infty$

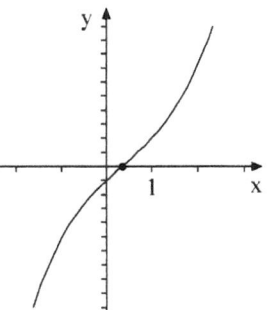

8.

I	II	III	IV
f	h	g	k

Untersuchung der Nullstellen

9. a) $F(x) = \int (x^2 - 2x) \cdot e^{0,5x} dx = (x^2 - 2x) \cdot 2e^{0,5x} - 2\int (2x - 2) \cdot e^{0,5x} dx$

$= (x^2 - 2x) \cdot 2e^{0,5x} - 2(2x - 2) \cdot 2e^{0,5x} + 4\int 2 \cdot e^{0,5x} dx$

$= (x^2 - 2x) \cdot 2e^{0,5x} - 2(2x - 2) \cdot 2e^{0,5x} + 16e^{0,5x} dx + C$

b) $A = F(0) - F(2) = 24 - 8e \approx 2,254$ (da unterhalb der x–Achse)

c) $A_1 = F(0) - F(1) = 24 - 14e^{0,5} \approx 0,918$, $A_2 \approx 1,336$, $\frac{A_1}{A_2} \approx 0,687$

10. a) $f'(x) = (2-x^2)\,e^{-0,25x^2}$, $f'(x) = 0$ für $x = \pm\sqrt{2}$

Höhe der Dammkrone: $h = f(\sqrt{2}) = 2\sqrt{2}\ e^{-0,5} \approx 1,72$ m

Breite der Rinne: $2\sqrt{2} \approx 2,83$ m

b) $F'(x) = 2x\,e^{-0,25x^2} = f(x)$

c) $A = 2\int_0^{\sqrt{2}} (1,72 - f(x))dx = 2[1,72x + 4e^{-0,25x^2}]_0^{\sqrt{2}} \approx 1,72$ m^2

$V = 400 \cdot A \approx 688$ m^3

d) $\tan 40° \approx 0,84$

Im Wendepunkt ist der Damm am steilsten. $f''(x) = (0,5x^3 - 3x)\,e^{-0,25x^2}$
$f''(x) = 0$ für $x = 0$ und $x = \sqrt{6}$, $f'(\sqrt{6}) = -4e^{-1,5} \approx -0,89$
Der Rasenmäher kommt nicht über die Wendepunktlinie hinauf.

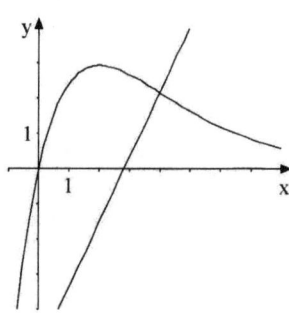

11. a) Nullstelle: $x = 0$

Verhalten für $x \to \pm\infty$:
$\lim_{x\to\infty} f(x) = 0$, $\lim_{x\to-\infty} f(x) = -\infty$

b) $f'(x) = (4-2x)e^{-0,5x}$ Extrema: H(2|2,94)
$f''(x) = (x-4)e^{-0,5x}$ Wendepunkte: (4|2,17)
$f'''(x) = (3-0,5x)e^{-0,5x}$

f ist streng monoton steigend für $x < 2$
und streng monoton fallend für $x > 2$.
f ist für $x < 4$ rechts- und für $x > 4$ linksgekrümmt.

c) $n(x) = mx+n$, $m = -\dfrac{1}{f'(4)} = \dfrac{e^2}{4}$

W: $\dfrac{16}{e^2} = \dfrac{e^2}{4}\cdot 4 + n \Rightarrow n = \dfrac{16}{e^2} - e^2$, $n(x) = \dfrac{e^2}{4}\cdot x + \dfrac{16}{e^2} - e^2$

d)

12. b) $f'(x) = \tfrac{1}{2}e^{\frac{x}{2}}$, $g'(x) = -\tfrac{1}{4}e^{1,5-\frac{x}{2}}$

a)

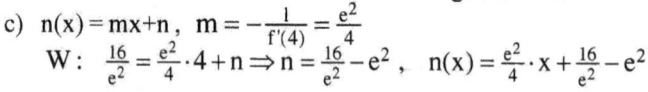

c) Schnittpunkt: $f = g$: $e^{\frac{x}{2}} = e^{\frac{3}{2}-\frac{x}{4}}$ $|\ln$
$\dfrac{x}{2} = \dfrac{3}{2} - \dfrac{x}{4}$, $x = 2$, $S(2|e)$

$\tan\alpha = f'(2) = \tfrac{1}{2}e \Rightarrow \alpha \approx 53,66°$
$\tan\beta = g'(2) = -\tfrac{1}{4}e \Rightarrow \beta \approx -34,20°$

Schnittwinkel: $\gamma = \alpha + |\beta| \approx 87,86°$

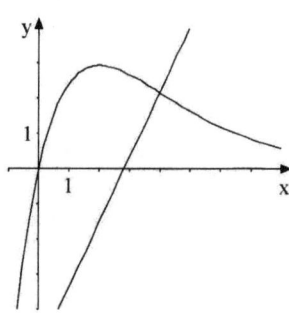

d) $h(x) = mx$, I. $mx = e^{\frac{x}{2}}$

II. $m = \tfrac{1}{2}e^{\frac{x}{2}}$, B(2|e), $h(x) = \tfrac{e}{2}\cdot x$

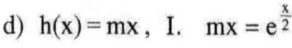

e) $A = \int_0^2 (g(x)-f(x))dx = [-4e^{\frac{3}{2}-\frac{x}{4}} - 2e^{\frac{x}{2}}]_0^2 = -4e - 2e + 4e^{\frac{3}{2}} + 2 \approx 3,62$

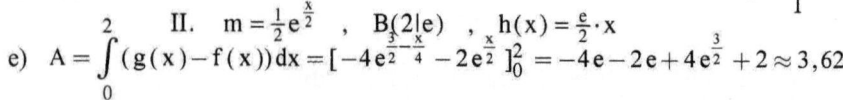

13. a) $F'(x) = (4x+8-8)e^{-0,5x} = f(x)$

b) Nullstelle von n: $x = (e^2 - \tfrac{16}{e^2})\cdot\dfrac{4}{e^2} = \dfrac{e^4-16}{e^4}\cdot 4 = 4 - \dfrac{64}{e^4} \approx 2,83$

$A = \int_0^4 f(x)dx - \int_{4-\frac{64}{e^4}}^4 n(x)dx = [(-8x-16)e^{-0,5x}]_0^4 - \tfrac{1}{2}\cdot\dfrac{64}{e^4}\cdot\dfrac{16}{e^2} = -\dfrac{48}{e^2} + 16 - \dfrac{512}{e^6} \approx 8,23$

14. $A(u) = u \cdot f(u) = 4u^2 \cdot e^{-0,5u}$

114

$A'(u) = (8u - 2u^2) \cdot e^{-0,5u}$, $A'(u) = 0$ für $u = 4$

15. a) $h = f(0) = 2$

b) In den Wendepunkten ist das Profil am steilsten.

$f'(x) = -\frac{1}{2}x \cdot e^{-\frac{1}{8}x^2}$, $f''(x) = (\frac{1}{8}x^2 - \frac{1}{2}) \cdot e^{-\frac{1}{8}x^2}$

$f''(x) = 0$: $x = \pm 2$

$f'(2) = -e^{-0,5} = \tan\alpha$, $\alpha \approx 148,76°$, $f'(-2) = e^{-0,5} = \tan\beta$, $\beta \approx 31,23°$

c) $g(x) = 1,5 - \frac{1}{1,5} \cdot x^2 = \frac{3}{2} - \frac{2}{3}x^2$, $A = 2\int\limits_0^{1,5} g(x)dx = 2[\frac{3}{2}x - \frac{2}{9}x^3]_0^{1,5} = 3$

Die Glasfäche beträgt 3 m².

d) $1 = 2 \cdot e^{-\frac{1}{8}x^2}$, $\ln 0,5 = -\frac{1}{8}x^2$, $x_{1/2} = \pm\sqrt{-8\ln 0,5} \approx \pm 2,35$

Die Antenne muss rechts oder links von der Gaubenmitte mindestens den Abstand 2,35m haben.

16. $A = F(1) - F(0) = -2e^{-1} + 1 \approx 0,26$

116

17. Schnittpunkt: $f_1 = f_2$: $x_s = \ln 4 \approx 1,39$

Schnittwinkel: $f_1'(x) = (1 - x)e^{-x}$, $f_1'(\ln 4) = (1 - \ln 4) \cdot \frac{1}{4} \approx -0,1$, $\alpha \approx 174,5°$

$f_2'(x) = (4 - 8x)e^{-2x}$, $f_2'(\ln 4) = (4 - 8\ln 4) \cdot \frac{1}{16} \approx -0,44$, $\beta \approx 156,1°$

$\gamma = \alpha - \beta \approx 18,4°$

18. Ansatz: $t_a(x) = m_a \cdot x$, $m_a = f_a'(0) = a^2$, $t_a(x) = a^2 \cdot x$

Steigungswinkel45°: $a^2 = \tan 45°$, $a = 1$

Steigungswinkel60°: $a^2 = \tan 60°$, $a \approx 1,32$

19. $W(\frac{2}{a} \mid \frac{2a}{e^2})$, Abszisse : $x = \frac{2}{a}$, $a = \frac{2}{x}$, Ordinate : $y = \frac{2a}{e^2} = \frac{4}{e^2 x}$ ist die gesuchte Ortslinie.

20. a) Nullstellen: $x = \ln a$

117

Extrema: $f_a'(x) = (2e^x - a) \cdot e^x$, $f_a''(x) = (4e^x - a) \cdot e^x$, $f_a'''(x) = (8e^x - a) \cdot e^x$

$f_a'(x) = 0$: $x = \ln\frac{a}{2}$, $f_a''(\ln\frac{a}{2}) > 0 \Rightarrow T(\ln\frac{a}{2} \mid -\frac{a^2}{4})$

Wendepunkte: $W(\ln\frac{a}{4} \mid -\frac{3}{16}a^2)$ R-L-Wendepunkt

Verhalten für $x \to \pm\infty$: $f_a(x) \to \infty$ für $x \to \infty$, $f_a(x) \to 0$ für $x \to -\infty$

117

c) $T(\ln\frac{a}{2}\,|\,-\frac{a^2}{4})$, $x = \ln\frac{a}{2}$, $a = 2e^x$

$y = -\frac{a^2}{4}$, $y = -e^{2x}$

b)

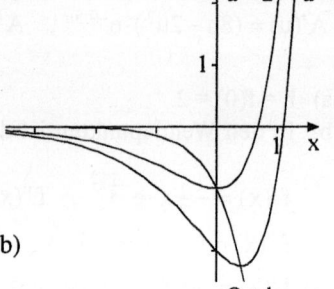

d) $F_a(x) = \int(e^{2x} - ae^x)dx = \frac{1}{2}e^{2x} - ae^x + C$

$A_a = |\lim\limits_{k\to-\infty}[\frac{1}{2}e^{2x} - ae^x + C]_k^0\,| = |\frac{1}{2} - a| = a - \frac{1}{2}$

21. a) Ableitungen: $f_a'(x) = e^x(1-a-ax)$

$f_a''(x) = e^x(1-2a-ax)$, $f_a'''(x) = e^x(1-3a-ax)$

Nullstellen: $x = \frac{1}{a}$

Extrema: $H(\frac{1-a}{a}\,|\,ae^{\frac{1-a}{a}})$

Wendepunkte: $W(\frac{1-2a}{a}\,|\,2ae^{\frac{1-2a}{a}})$

$\lim\limits_{x\to\infty} f(x) = -\infty$, $\lim\limits_{x\to-\infty} f(x) = 0$

c) $\frac{1-2a}{a} = 3 \Rightarrow a = \frac{1}{5}$

d) $\tan(\pm60°) \approx \pm1,732$, $a \approx 2,732$

b)

Ortskurve

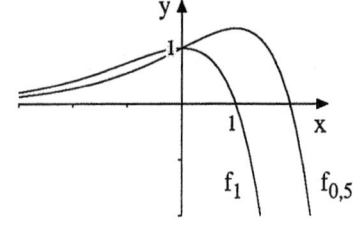

e) $W(\frac{1-2a}{a}\,|\,2a\cdot e^{\frac{1-2a}{a}})$, $t_a(x) = e^{\frac{1-2a}{a}}(ax + 4a - 1)$

Nullstelle: $x = \frac{1-4a}{a} = -2$ gilt für $a = 0,5$

22. a) $f_a'(x) = a - e^{-x}$, $f_a''(x) = e^{-x}$

Extrema: $T(-\ln a\,|\,a(1-\ln a))$

Nullstellen: keine

Wendepunkte: keine

$\lim\limits_{x\to\infty} f(x) = \infty$, $\lim\limits_{x\to-\infty} f(x) = \infty$

c) $t_a(x) = (a-1)x + 1$

d) $T(-\ln a\,|\,a(1-\ln a))$

$x = -\ln a = \ln\frac{1}{a}$, $e^x = \frac{1}{a}$, $a = e^{-x}$

$y = a(1-\ln a) = e^{-x}(1+x)$

e) $F_a(x) = \frac{a}{2}x^2 - e^{-x}$

f) Schnittstelle: $x = 1$

$A = \int\limits_0^1 (a-ax)dx$

$= [ax - \frac{a}{2}x^2]_0^1 = \frac{a}{2}$, $\frac{a}{2} = 1$ für $a = 2$

b)

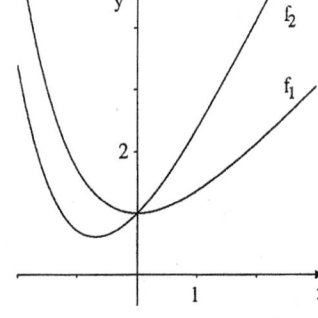

23. a) $f_a'(x) = 1 - ae^{-x}$, $f_a''(x) = ae^{-x}$
   Extrema: $T(\ln a | 1 + \ln a)$ (nur für $a > 0$)
   $\ln a$ ist nur für $a > 0$ definiert.
   Wendepunkte: keine

   b) $1 + \ln a = 0$ für $a = e^{-1}$: $T(-1|0)$
   $\ln a = 0$ für $a = 1$: $T(0|1)$

   c) $y = x + 1$

   e) I. $mx = x + ae^{-x}$, II. $m = 1 - ae^{-x}$
   $(1 - ae^{-x})x = x + ae^{-x}$ für $x = -1$
   $B_a(-1|-1+ae)$, $h_a(x) = (1-ae)x$

d)

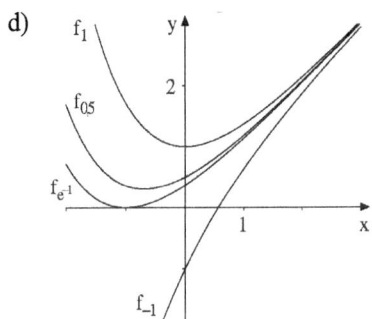

117

24. a) Nullstellen: keine

   Ableitungen:　$f'(x) = \frac{1}{4}e^x - 2e^{-x}$
   　　　　　　　$f''(x) = \frac{1}{4}e^x + 2e^{-x}$
   　　　　　　　$f'''(x) = \frac{1}{4}e^x - 2e^{-x}$

   Extrema: $T(1,04|1,41)$
   Wendepunkte: keine

   b) $F(x) = \int f(x)dx = \frac{1}{4}e^x - 2e^{-x} + C$

   c) $A = \int_0^1 f(x)dx = [\frac{1}{4}e^x - 2e^{-x}]_0^1 \approx 1,69$

   d) $f_a'(x) = \frac{1}{4}e^x - ae^{-x} = 0$, $x = \frac{\ln 4a}{2} = 0,5$, $a = \frac{e}{4} \approx 0,68$

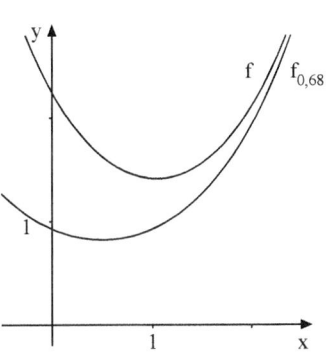

118

25. a) $f(2) = e + e^{-1} \approx 3,09\,m$

   b) $f(0) = 2 \Rightarrow$ Durchhang: $3,09 - 2 \approx 1,09\,m$

   c) $f'(x) = \frac{1}{2}e^{\frac{x}{2}} - \frac{1}{2}e^{-\frac{x}{2}}$, $f'(2) = \frac{1}{2}e - \frac{1}{2}e^{-1} \approx 1,18 = \tan\beta \Rightarrow \beta \approx 49,6° = \alpha$

   d) $A = \int_{-2}^2 f(x)dx = [2e^{\frac{x}{2}} - 2e^{-\frac{x}{2}}]_{-2}^2 = 4(e - e^{-1}) \approx 9,4\,m^2$

26. a) $f(x) = 203,14 - \frac{28,14}{2}(e^{\frac{x}{28,14}} + e^{-\frac{x}{28,14}})$, $h = f(50) \approx 117,29\,m$

   b) $f(x) = 216,5 - \frac{73}{4}(e^{\frac{x}{36,5}} + e^{-\frac{x}{36,5}})$

   $f'(x) = -\frac{73}{4}(\frac{1}{36,5} \cdot e^{\frac{x}{36,5}} - \frac{1}{36,5} \cdot e^{-\frac{x}{36,5}}) = -\frac{1}{2}(e^{\frac{x}{36,5}} - e^{-\frac{x}{36,5}})$

   $f'(90) \approx -5,84$, $\alpha \approx 99,7°$ (Steigungswinkel), $\beta \approx 80,3°$

   c) $A = 2\int_0^{90}(216,5 - \frac{73}{4}(e^{\frac{x}{36,5}} + e^{-\frac{x}{36,5}}))dx - 2\int_0^{75}(203,14 - \frac{28,14}{2}(e^{\frac{x}{28,14}} + e^{-\frac{x}{28,14}}))dx$

   $= 2([216,5x - \frac{73}{4} \cdot 36,5(e^{\frac{x}{36,5}} - e^{-\frac{x}{36,5}})]_0^{90} - [203,14x - \frac{28,14^2}{2}(e^{\frac{x}{28,14}} - e^{-\frac{x}{28,14}})]_0^{75})$

   $= 2(11699,73 - 9572,96) \approx 4253,5\,m^2$

119

121

27. a) $f(x) = a + b \cdot e^{-x^2}$

$f(0) = 1,2 \Rightarrow a + b = 1,2$

$\left. f(1,5) = 0,7 \Rightarrow a + b \cdot e^{-1,5^2} = 0,7 \right\} \Rightarrow b(1 - e^{-1,5^2}) = 0,5, \quad b \approx 0,56, \quad a \approx 0,64$

Re sultat : $f(x) = 0,64 + 0,56 \cdot e^{-x^2}$

b) In den Wendepunkten: $f'(x) = -1,12x \cdot e^{-x^2}$, $f''(x) = (2,24x^2 - 1,12) \cdot e^{-x^2}$

$f''(x) = 0: \quad x = \pm\sqrt{0,5} \approx \pm 0,707, \quad f'(\pm 0,707) \approx \mp 0,48$

In etwa 707m Entfernung von der Bergmitte ist der Anstieg am steilsten.

c) $0,8 = 0,64 + 0,56 \cdot e^{-x^2}$, $\ln 0,29 \approx -x^2$, $x \approx \pm 1,11$, $E(-1,11|0,8)$

Länge : $l = \sqrt{1,11^2 + 0,4^2} \approx 1,18$

Der Eingang liegt bei $E(-1,11|0,8)$; die Länge beträgt 1180m.

d) Tunnelmitte: $M(-0,555|1)$

Austrittspunkt des Schachtes: $P(-0,555|f(-0,555))$ bzw. $P(-0,555|1,05)$

Schachtlänge: 50m

28. a) $f'(x) = -2x \cdot e^{-x^2}$, $f''(x) = (4x^2 - 2) \cdot e^{-x^2}$, $f'''(x) = (12x - 8x^3) \cdot e^{-x^2}$

$f''(x) = 0: \quad x = \pm\sqrt{0,5} \approx \pm 0,707, \quad f'''(0,707) \neq 0, \quad W_2(\sqrt{\tfrac{1}{2}} | \tfrac{1}{\sqrt{e}})$

$t(x) = f'(\tfrac{1}{\sqrt{2}})(x - \tfrac{1}{\sqrt{2}}) + f(\tfrac{1}{\sqrt{2}}) = -0,86x + 1,21$

b) $-0,86 = \tan\beta$, $\beta = -40,69°$

$\alpha = 90° - 40,7° = 49,3°$

c) $g(x) = mx$, I. $mx = e^{-x^2}$, II. $m = \dfrac{1}{2xe^{-x^2}}$

$\Rightarrow \dfrac{1}{2xe^{-x^2}} \cdot x = e^{-x^2}$, $\tfrac{1}{2} = e^{-2x^2}$, $x^2 = \dfrac{\ln 0,5}{-2}$, $x \approx \pm 0,59$ $(x < 0)$

$\Rightarrow g(x) = mx$, $x = -0,59$, $m \approx -1,2$, $g(x) = -1,2x$

29. $A = x \cdot y = 2z \cdot e^{-z^2}$, $A' = e^{-z^2}(2 - 4z^2) = 0$, $z = \pm\sqrt{\tfrac{1}{2}}$

$A''(\sqrt{\tfrac{1}{2}}) = -5,7e^{-0,5} < 0 \Rightarrow$ Max, $A_{max} \approx 0,86$

30. a) $g(x) = ax^2 + c$, $g(0) = 0 + c = 1$, $c = 1$

$g(\tfrac{1}{\sqrt{2}}) = \tfrac{a}{2} + 1 = 0,61 \Rightarrow a = -0,79$, $g(x) = -0,79x^2 + 1$

b) $d(x) = -0,79x^2 + 1 - e^{-x^2}$

$d'(x) = -1,57x + 2xe^{-x^2} = 0$, $2e^{-x^2} = 1,57$, $x = \pm\sqrt{-\ln 0,79} \approx \pm 0,49$

$d''(x) = -1,57 + 2e^{-x^2} - 4x^2 \cdot e^{-x^2}$, $d''(0,49) < 0 \Rightarrow H(0,49|0,02)$

c) $A = \displaystyle\int_{-\sqrt{0,5}}^{\sqrt{0,5}} (-0,79x^2 + 1)dx = [-\tfrac{0,79}{3}x^3 + x]_{-\sqrt{0,5}}^{\sqrt{0,5}} = 2 \cdot [-\tfrac{0,79}{3}x^3 + x]_0^{\sqrt{0,5}} \approx 1,23$

31. a) $1 \cdot e^{4k} = 130$, $\quad k = \frac{\ln 130}{4} \approx 1{,}217$ $\quad N(t) = 100 \cdot e^{1{,}217t}$

  b) $N(t) = 1000000 \Rightarrow t \approx 7{,}57\,h$, $\quad N(t) = 1000000000 \Rightarrow t \approx 13{,}24\,h$

  c) $T_2 = \frac{\ln 2}{1{,}217} \approx 0{,}57\,h$

  d) mittlere Wachstumsrate: $\frac{N(10)-N(0)}{10-0} \approx 2$ Mio.

  momentane Wachstumsrate:

  $N'(t) = 121{,}7 \cdot e^{1{,}217t}$, $\quad N'(0) = 121{,}7$, $\quad N'(10) \approx 23$ Mio.

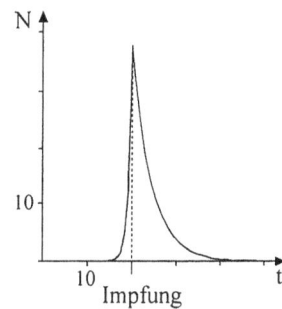

  e) $N(20) \approx 3{,}7 \cdot 10^{12}$

  $3{,}7 \cdot 10^{12} \cdot 0{,}8^t = 100$, $\quad t = \dfrac{\ln \frac{100}{3{,}7 \cdot 10^{12}}}{\ln 0{,}8} \approx 109$

  In der 129. Stunde, also im Laufe des 6. Tages
  wird die Grenze unterschritten.

  Impfung

32. a) $v(0) = -11800$, $v(1) = -9661$

  $V(t)$: Restwert des Fahrzeugs ; $V(0) = 60000$, $V'(t) = v(t)$

  $V(t) = 59000 \cdot e^{-0{,}2t} + 1000$

  mittlere Verlustrate im 1. Jahr: $\frac{V(1)-V(0)}{1-0} \approx \frac{49305-60000}{1} = -10695$

  mittlere Verlustrate im 5. Jahr: $\frac{V(5)-V(4)}{5-4} \approx \frac{22705-27510}{1} = -4805$

  c) $W(t) = V(t) - 60000 = 59000 \cdot (e^{-0{,}2t} - 1)$

  d) $59000 \cdot e^{-0{,}2t} + 1000 = 10000$, $\quad t = \dfrac{\ln \frac{9000}{59000}}{-0{,}2} \approx 9{,}40$

  Im Laufe des 10. Jahres wird die 10000–Euro–Grenze unterschritten.

  e)

	1	2	3	4	5	6	7	8	9	10
Verlust	10695	8756	7169	5870	4805	2935	3221	2637	2159	1768
Restwert	49305	40549	33380	27510	22705	18770	15549	12912	10753	8985

33. a) $N(t) = 70000 \cdot e^{kt}$

  $N(10) = 70000 \cdot e^{10k} = 115410 \Rightarrow k \approx 0{,}05$

  $N(t) = 70000 \cdot e^{0{,}05 \cdot t}$

  b) 2040: $\quad N(40) \approx 517234$

  $500000: \quad t \approx 39{,}32$

  Im Jahr 2040 werden ca. 517000
  Hundertjährige erwartet.
  Die 0,5 Mio–Grenze wird ebenfalls im Jahr
  2040 überschritten.

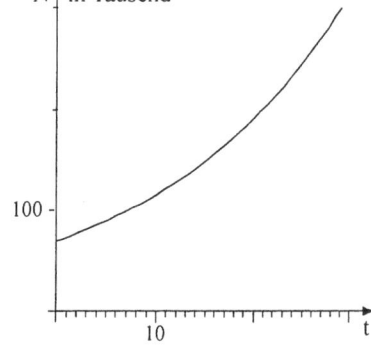

  N in Tausend

  100

  10

  c) $N'(t) = 3500 \cdot e^{0{,}05t}$

  Wachstumsrate zu Beginn 2000: $N'(0) = 3500$; zu Beginn 2010: $N'(10) \approx 5771$

  mittlere Wachstumsrate: $\frac{N(10)-N(0)}{10-0} = \frac{115410-70000}{10} = 4541$

  1000 Pers./Jahr: $3500 \cdot e^{0{,}05t} = 1000 \Rightarrow t \approx -25{,}06$, also im Jahr 1975

128

34. a) Lernkapazität 150: $a = 150$

L(0) = 20: $150 + b = 20$, $b = -130$

L(1) = 30: $150 - 130 \cdot e^{-k} = 30$, $k = -\ln \frac{120}{130} \approx 0{,}08$

Resultat: $L(t) = 150 - 130 \cdot e^{-0{,}08t}$

b) $L(t) = 75$: $t = \dfrac{\ln \frac{75}{130}}{-0{,}08} \approx 6{,}88$ h

$L(t) = 112$: $t = \dfrac{\ln \frac{38}{130}}{-0{,}08} \approx 15{,}37$ h

c) Lernrate: $L'(t) = 10{,}4 \cdot e^{-0{,}08t}$

d) mittlere Lernrate: $\dfrac{L(5)-L(4)}{5-4} \approx \dfrac{62{,}86-55{,}60}{1} = 7{,}26$

e) **Druckfehler** im 1. Druck: $L(t) = a - 180 e^{-kt}$

L(0) = 20: $a = 200$ ist ihre persönliche Kapazitätsgrenze.

L(2) = 50: $200 - 180 \cdot e^{-2k} = 50$ $\Rightarrow$ $k \approx 0{,}09$

$L(t) = 200 - 180 \cdot e^{-0{,}09t}$

$L(t) = 112$: $t = \dfrac{\ln \frac{88}{180}}{-0{,}09} \approx 7{,}95$ h benötigt sie für alle 112 Elemente.

35. a) zum Schluss 250: $a = 250$, $h(t) = 250 + b \cdot e^{-kt}$

am Anfang 10 cm: $b = -240$

nach 10 min 50 cm: $h(10) = 250 - 240 \cdot e^{-10k} = 50$, $k = \dfrac{\ln \frac{200}{240}}{-10} \approx 0{,}018$

Resultat: $h(t) = 250 - 240 \cdot e^{-0{,}018t}$

b) halbe Endhöhe: $250 - 240 \cdot e^{-0{,}018t} = 125$, $t = \dfrac{\ln \frac{125}{240}}{-0{,}018} \approx 36{,}24$ min

Änderungsgeschwindigkeit: $h'(t) = 4{,}32 \cdot e^{-0{,}018t}$, $h'(36{,}24) \approx 2{,}25$ cm / min

c) $V = 4\pi \cdot h$ mit $h = 0{,}5 - 0{,}1 = 0{,}4$ $V = 4\pi \cdot 0{,}4 \approx 5{,}027$ m^2 = 5027 Liter

Also ca. 503 Liter pro Minute.

36. a) $T(t) = T_U + c \cdot e^{-kt}$ mit $T_U = 20$ und $c = 80$

nach 1 min 93°C: $T(1) = 20 + 80 \cdot e^{-k} = 93$, $k = -\ln \frac{73}{80} \approx 0{,}092$

Resultat: $T(t) = 20 + 80 \cdot e^{-0{,}092t}$

b) 50°C: $t = -\dfrac{\ln \frac{30}{80}}{-0{,}092} \approx 10{,}66$: Nach ca. 10,66 min ist die Temperatur auf 50°C gefallen.

Temperatursinkgeschwindigkeit: $T'(t) = -7{,}36 \cdot e^{-0{,}092t}$, $T'(10{,}66) \approx -2{,}76$

Nach 10,66 min beträgt die Sinkgeschwindigkeit ca. -2,76°C/min.

c) 40°C: $t = \dfrac{\ln \frac{20}{80}}{-0{,}092} \approx 15{,}07$, $15{,}07 - 10{,}66 = 4{,}41$

Seine Verspätung beträgt ca. 4,41 Minuten.

129

37. a) $N(t) = 250 - 150 \cdot e^{-kt}$ in Tsd.

2011 $(t = 1)$: $250 - 150 \cdot e^{-k} = 107,316$, $k \approx 0,05$

$N(t) = 250 - 150 \cdot e^{-0,05t}$

b) 2020: $N(10) \approx 159$, also ca. 159000 Robben

$150 = 250 - 150 \cdot e^{-0,05t}$, $t \approx 8,11$ Jahre

d.h. im Jahr 2018

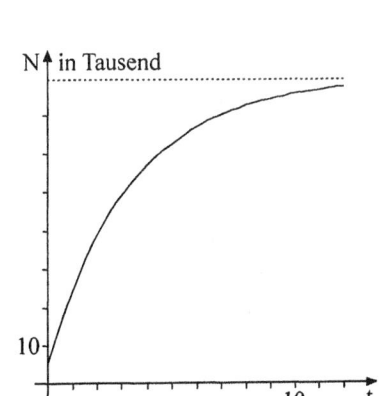

N in Tausend

100

10   50   t

d) $N'(t) = 7,5 \cdot e^{-0,05t}$

$N'(0) = 7,5$ Tsd. / Jahr   also 7,5%

$7,5 \cdot e^{-0,05t} = 5$, $t \approx 8,11$,   also im Jahr 2018

mittlere Wachstumsrate : $\frac{N(10)-N(0)}{10-0} \approx \frac{159-100}{10} = 5,9$

e) $N(t) = 500 \cdot 0,9^t = 100$, $t = \frac{\ln 0,2}{\ln 0,9} \approx 15,28$ Wochen

$N(t) = 200 \cdot 1,075^t = 500$, $t \approx 12,67$ Jahre

Nach ca. 15,28 Wochen wird die 100-Tiermarke unterschritten.
Bei einem Bestand von 200 Tieren dauert es ca. 12,67 Jahre, bis er wieder auf 500
gestiegen ist.

38. a) $N(t) = 80 - 75 \cdot e^{-kt}$

$N(1) = 24,44$, $k = -\ln 0,7408 \approx 0,3$

$N(t) = 80 - 75 \cdot e^{-0,3t}$

N in Tausend

c) $N(3) \approx 49,507$ d.h. ca. 49500 Bienen

d) $80 - 75 \cdot e^{-0,3t} = 40$, $t = \frac{\ln \frac{40}{75}}{-0,3} \approx 2,1$ Wochen

e) $N'(t) = 22,5 \cdot e^{-0,3t}$

Wachstumsgeschwindigkeit
zu Beginn: 22,5 Tsd./Woche
nach 12 Wochen: $N'(12) \approx 0,615$ Tsd./Woche

10

10   t

f) $40 = 80 - 75 \cdot e^{-0,3t}$, $t \approx 2,1$

$35 = 40 \cdot e^{-\frac{k}{7}}$, $k \approx 0,935$

$N(t) = 40 \cdot e^{-0,935(t-2,1)}$

131

39. a) $875 = \frac{10000}{1+b \cdot e^{-0,6}}$, $b \approx 19$

b) Anfangsbestand: $N_0 = \frac{10000}{1+19} = 500$ Zellen / ml

c) Grenzbestand: 10000 Zellen/ml

131

d) $N(t) = \frac{10000}{1+19\cdot e^{-0,3t}}$, $N(t) = \frac{57000\cdot e^{-0,3t}}{(1+19\cdot e^{-0,3t})^2}$

$N''(t) = \frac{-17100\cdot e^{-0,3t}(1+19\cdot e^{-0,3t})-57000\cdot e^{-0,3t}\cdot 2(-5,7\cdot e^{-0,3t})}{(1+19\cdot e^{-0,3t})^3} = \frac{e^{-0,3t}(324900\cdot e^{-0,3t}-17100)}{(1+19\cdot e^{-0,3t})^3}$

$N''(t) = 0$: $t = \frac{\ln\frac{17100}{324900}}{-0,3} \approx 9,81$

Nach ca. 9,81 h wächst die Kultur am schnellsten.

e) 90% sind 9000 Zellen: $9000 = \frac{10000}{1+19\cdot e^{-0,3t}}$, $t = \frac{\ln\frac{\frac{10}{9}-1}{19}}{-0,3} \approx 17,14$

Nach ca. 17,14 h wird die 90%-Marke überschritten.

133

40. a) $N_1(t) = 200\cdot e^{kt}$, $N_1(1) = 240$, $k \approx 0,182$, $N_1(t) = 200\cdot e^{0,182t}$

$T_2 = \frac{\ln 2}{0,182} \approx 3,81$

$N_1(t) = 5500$: $t \approx 18,21$, d.h. am 19. Tag

b) Sättigung: $a = 5500$

$t = 0$: $200 = \frac{5500}{1+b}$, $b = 26,5$

$t = 1$: $240 = \frac{5500}{1+26,5\cdot e^{-k}}$, $k = \frac{\ln\frac{\frac{5500}{240}-1}{26,5}}{-1} \approx 0,19$

$N_2(t) = \frac{5500}{1+26,5\cdot e^{-0,19t}}$

c) $N_1(t) = 4000$ gilt für $t \approx 16,5$ Tage.

$N_2(t) = 4000$ gilt für $t \approx 22,4$ Tage.

d) $N_2'(t) = \frac{27692,5\cdot e^{-0,19t}}{(1+26,5\cdot e^{-0,19t})^2}$

$M_2'(t) = \frac{11000\cdot e^{0,2t}}{2\cdot e^{0,2t}+53} = \frac{5500}{1+26,5\cdot e^{-0,2t}} = N_2(t)$

134

41. a) $N_1(0) = 10$ Tsd. , $N_2(0) = 0,5$ Tsd.

b) $N_1 \to 0$, $N_2 \to 10$ Tsd.

c) $T_{0,5} = \frac{\ln 2}{0,3} \approx 2,31$, $1 = \frac{10}{1+19\cdot e^{-0,3t}}$, $t \approx 2,49$

Nach ca. 2,31 Jahren hat sich der Bestand der Alaskaluchse halbiert.
Nach ca. 2,49 Jahren hat sich der Bestand der Kanadaluchse verdoppelt.

d) mittlere Abnahmerate von N_1: $\frac{N_1(5)-N_1(0)}{5-0} \approx \frac{2,23-10}{5} = -1,554$

mittlere Zunahmerate von N_2: $\frac{N_2(5)-N_2(0)}{5-0} \approx \frac{1,91-0,5}{5} = 0,282$

momentane Änderungsrate von N_1: $N_1'(t) = -3\cdot e^{-0,3t}$, $N_1'(5) \approx -0,67$

momentane Änderungsrate von N_2: $N_2'(t) = \frac{57\cdot e^{-0,3t}}{(1+19\cdot e^{-0,3t})^2}$, $N_2'(5) \approx 0,46$

41. e) $10 \cdot e^{-0,3t} = \frac{10}{1+19 \cdot e^{-0,3t}}$, $10 \cdot e^{-0,3t} + 190(10 \cdot e^{-0,3t})^2 - 10 = 0$, $u^2 + \frac{1}{19}u - \frac{1}{19} = 0$

$u = -\frac{1}{38} + \sqrt{\frac{1}{38^2} + \frac{1}{19}} \approx 0,205 = e^{-0,3t}$, $t \approx 5,3$

Nach ca. 5,3 Jahren sind beide Bestände etwa gleich groß.

f) $(N_1(t) + N_2(t))' = -3 \cdot e^{-0,3t} + \frac{57 \cdot e^{-0,3t}}{(1+19 \cdot e^{-0,3t})^2} = 0$

$-3 \cdot e^{-0,3t} - 114 \cdot e^{-0,6t} - 1083 \cdot e^{-0,9t} + 57 \cdot e^{-0,3t} = 0$

$-114u^2 - 1083u^3 + 54u = 0$, $u(u^2 + 0,1053u - 0,0499) = 0$

$u \approx 0,177 = e^{-0,3t}$, $t \approx 5,77$

Nach ca. 5,77 Jahren ist die Gesamtzahl der Luchse minimal.

42. a) Verdopplungszeit: $T_2 = \frac{\ln 2}{0,2} \approx 3,47$

3000 Tiere sind es nach ca. 5,49 Jahren.

b) $a = 5000$, $N_2(0) = 1000$: $\frac{5000}{1+b} = 1000$, $b = 4$

$N_2(1) = 1358$: $\frac{5000}{1+4 \cdot e^{-k}} = 1358$, $k \approx 0,4$

Bestandsfunktion: $N_2(t) = \frac{5000}{1+4 \cdot e^{-0,4t}}$

d) $1000 \cdot e^{0,2t} = \frac{5000}{1+4 \cdot e^{-0,4t}}$

$1000 \cdot e^{0,2t} + 4000 \cdot e^{-0,2t} - 5000 = 0$ | $\cdot e^{0,2t}$

$1000 \cdot (e^{0,2t})^2 - 5000(e^{0,2t}) + 4000 = 0$

$e^{0,2t} = 2,5 \pm 1,5 \begin{cases} = 4, & t \approx 6,93 \\ = 1, & t = 0 \end{cases}$

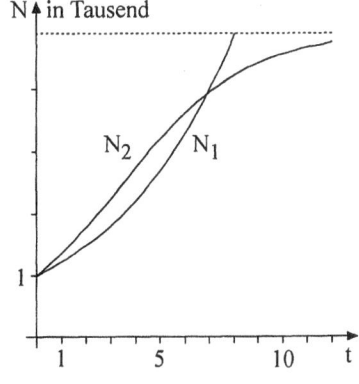

Zu Beginn (t = 0) und nach ca. 6,93 Jahren stimmen beide Modelle überein.
momentane Wachstumsraten

von N_1: $N_1'(t) = 200 \cdot e^{0,2t}$, $N_1'(6,93) \approx 800$, $N_1'(0) = 200$

von N_2: $N_2'(t) = \frac{8000 \cdot e^{-0,4t}}{(1+4 \cdot e^{-0,4t})^2}$, $N_2'(6,93) \approx 320$, $N_2'(0) = 320$

43. a) $N_1(t) = e^{kt}$, $N_1(10) = 500$: $k \approx 0,62$, $N_1(t) = e^{0,62t}$

$N_2(t) = \frac{1000}{1+999 \cdot e^{-kt}}$, $N_2(10) = 500$: $k \approx 0,69$

$N_2(t) = \frac{1000}{1+999 \cdot e^{-0,69t}}$

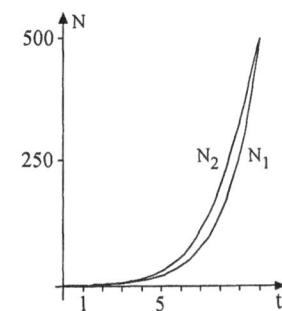

Verdopplungszeit von N_1: $T_2 = \frac{\ln 2}{0,62} \approx 1,12$ Tage

Nach 11 Tagen wäre der Teich nur durch gelbe
Rosen völlig bedeckt.
Nach 10 Tagen haben die gelben Rosen die größere mom. Wachstumsrate (s.Zeich.).

134

136

44. a) $f'(x) = (1-0,5x)e^{0,5x}$, $f'(x) = 0$ für $x = 2$, $f(2) = 2e \approx 5,44$
Die maximale Nord–Süd–Ausdehnung beträgt ca. 544 m.
$f(-4) = 8e^{-2} \approx 1,08$: Die Begrenzungsmauer ist ca. 108 m lang.

b) $F'(x) = (0,5a-2-x)e^{0,5x}$, $4 = 0,5a - 2$, $a = 12$

$$A = \int_{-4}^{4} f(x)dx = F(4) - F(-4) \approx 26,8495$$

Das Gehege ist ca. 268495 m^2 groß.

137

45. $g(20) = 10$: $10 = ae^{-20b}$

$g(40) = 2$: $2 = ae^{-40b}$, $a = 2e^{40b}$, $10 = 2e^{20b}$, $b = \frac{\ln 5}{20} \approx 0,08$, $a \approx 50$

$g(x) = 50e^{-0,08x}$

$$A = 2\int_{0}^{20} f(x)dx + 2\int_{20}^{40} g(x)dx = 2[-\frac{1}{60}x^3 + \frac{1}{2}x^2 + 5x]_0^{20} + 2[-625e^{-0,08x}]_{20}^{40}$$

$$\approx 333,33 + 201,42 = 534,75$$

Der Flächeninhalt des Querschnittes beträgt ca. 534,75 cm^2.

138

46. a) $f(0) = 2,4 - 0,2 \cdot 2 = 2$, Höhe stimmt
$f(-1) = -0,05 \approx 0$, $f(1) \approx 0$, Breite stimmt

b) $f'(x) = -0,2(2,5e^{2,5x} - 2,5e^{-2,5x}) = -0,5(e^{2,5x} - e^{-2,5x})$
$f'(-1) \approx 6,05$, $\alpha \approx 80,6°$
Am linken unteren Torbogen muss die Säge unter ca. 81° angesetzt werden.

c) Zu streichende Fläche: $A = 4 \cdot 8 - A_{Torbogen}$

$$A_{Torbogen} = 2\int_{0}^{1} f(x)dx = 2[2,4x - 0,2(\frac{2}{5}e^{2,5x} - \frac{2}{5}e^{-2,5x})]_0^1 \approx 2,86$$

$A \approx 32 - 2,86 = 29,14$
Die zu streichende Fläche beträgt ca. 29 m^2.

47. a) $G'(x) = (2x-20)e^{\frac{x-10}{5}} = g(x)$

$$A = A_{gelb} + A_{rot} = \int_{0}^{8} f(x)dx + \int_{0}^{10} g(x)dx$$

$$= [-\frac{1}{24}x^3 + \frac{1}{2}x^2]_0^8 + |[(10x - 150)e^{\frac{x-10}{5}}]_0^{10}| \approx 40,37$$

Der Flächeninhalt beträgt ca. 40,37 FE = 403700 m^2 = 40,37 ha.

b) $g'(x) = (\frac{2}{5}x - 2)e^{\frac{x-10}{5}}$, $g'(x) = 0$ für $x = 5$, $g(5) \approx -3,68$
Die Nord–Süd–Ausdehnung beträgt ca. 368 m.

48. a) $f'(x) = (1 - 2x^2)e^{-x^2}$, $f''(x) = (4x^3 - 6x)e^{-x^2}$, $f'''(x) = (-8x^4 + 24x^2 - 6)e^{-x^2}$

    $F'(x) = -\frac{1}{2}(-2x)e^{-x^2} = xe^{-x^2} = f(x)$

  b) $f'(x) = 0$ für $x = \pm\sqrt{\frac{1}{2}}$

    $f''(-\sqrt{\frac{1}{2}}) = (-2\sqrt{\frac{1}{2}} + 6\sqrt{\frac{1}{2}})e^{-0,5} = 4\sqrt{\frac{1}{2}}e^{-0,5} > 0 \Rightarrow T(-\sqrt{\frac{1}{2}} \mid -\sqrt{\frac{1}{2}}e^{-0,5}) \approx T(-0,71 \mid -0,43)$

    $f''(\sqrt{\frac{1}{2}}) = -4\sqrt{\frac{1}{2}}e^{-0,5} < 0 \Rightarrow H(\sqrt{\frac{1}{2}} \mid \sqrt{\frac{1}{2}}e^{-0,5}) \approx H(0,71 \mid 0,43)$

  c) $w(x) = mx$ mit $m = f'(0) = 1$, $w(x) = x$

    $|w| = \sqrt{1^2 + 1^2} = \sqrt{2} \approx 1,414$: Der Weg ist ca. 1414 m lang.

  d) $f''(x) = 0$ für $x = \pm\sqrt{\frac{3}{2}}$ bzw. $x = 0$, $W_1(\sqrt{\frac{3}{2}} \mid \sqrt{\frac{3}{2}}e^{-\frac{3}{2}})$, $W_2(-\sqrt{\frac{3}{2}} \mid -\sqrt{\frac{3}{2}}e^{-\frac{3}{2}})$, $W_3(0 \mid 0)$

    $|W_1W_2| = 2|W_1W_3| = 2\sqrt{\frac{3}{2} + \frac{3}{2}e^{-3}} \approx 2,5$, $t = \frac{s}{v} = \frac{2,5\text{km}}{20\frac{\text{km}}{\text{h}}} = 0,125\text{h} = 7,5\text{ min}$

  Er braucht 7,5 Minuten.

49. a) $4 - f(4) = 4 + 40e^{-6} \approx 4,27$: Der rechte Beckenrand ist ca. 42,7 m lang.
    Oberer Rand: $f(x) = 4$, $4 = -10xe^{-x-1}$:
    schrittweises Probieren, beginnend mit $x = -0,5$ führt auf $x \approx -0,6$
    Der obere Rand ist ca. 46 m lang.
  b) $f'(x) = (10x - 10)e^{-x-1}$, $f'(x) = 0$ für $x = 1$, $f(1) = -10e^{-2} \approx -1,35$
    Die maximale vertikale Ausdehnung beträgt ca. 53,5 m.
  c) $F'(x) = 10(1 - x - 1)e^{-x-1} = -10xe^{-x-1} = f(x)$

    $A = \int\limits_{-0,6}^{4} (4 + 10xe^{-x-1})dx = [4x - 10(x+1)e^{-x-1}]_{-0,6}^{4} \approx 20,74$

  Es werden ca. 2074 m^2 Fliesen benötigt.

50. a) In der Mitte ist das Seil $f(0) = 10$ m hoch.
    An den Randpunkten sind es $f(200) = 5(e^2 + e^{-2}) \approx 37,62$ m.

  b) mittlere Steigung: $m = \frac{37,62 - 10}{200} \approx 0,14$

  c) Die mittlere Hälfte geht von $x = -100$ bis $x = 100$.
    $f'(x) = 0,05(e^{0,01x} - e^{-0,01x})$, $f'(100) \approx 0,12 = 12\%$: Er kann.
  d) $f'(-200) \approx -0,36$

    Es gilt: $\frac{1}{0,36} = \frac{37,62}{x} \Rightarrow x \approx 13,54$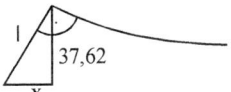

    Länge: $l = \sqrt{13,54^2 + 37,62^2} \approx 40$
    Die Seile müssen jeweils ca. 40 m lang sein.

138

139

139   51.a) $f(2) \approx 2,75$: Die Senke ist ca. 27,5 m tief.

b) $f'(x) = 5,6x \cdot e^{-x^2}$, $f''(x) = (5,6-11,2x^2) \cdot e^{-x^2}$

$f''(x) = 0$ für $x = \pm\sqrt{\frac{1}{2}} \approx 0,71$

Der Wendepunkt $W(0,71|1,1)$ ist der steilste Punkt.
Tangentengleichung: $t(x) = f'(0,71)(x-0,71) + 1,1 = 2,41x - 0,61$

c) Die Lichtstrahlen müssen tangential zum Graphen
im Wendepunkt verlaufen.

Es muss also $\frac{h+1,65}{1,29} > 2,41$ gelten.

Das gilt für $h > 14,6$ m.

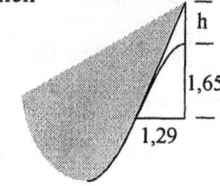

141   52.a) $h(0) = 2$: $2 = b$
$h(1) = 3$: $3 = (a+2)e^{-0,1}$, $a = 1,32$
$h(t) = (1,32t+2)e^{-0,1t}$

b) $h'(t) = (1,12-0,132t)e^{-0,1t}$
$h'(t) = 0$ für $t \approx 8,48$, $h(8,48) \approx 5,63 < 6$
Er kommt nicht in die Gefahrenzone.

c) Im Wendepunkt: $h''(t) = (0,0132t-0,244)e^{-0,1t}$, $h''(t) = 0$ für $t \approx 18,48$
Nach ca. 18,5 Stunden fällt sie am stärksten.

d) $h(t) = 2$: $2 = (1,32t+2)e^{-0,1t}$
Schrittweises Probieren, z.B. $t = 30, 31$.
Nach ca. 30,5 Stunden ist die Ausgangskonzentration wieder erreicht.

142   53.b) B_1: $20 = 10e^{0,1t}$, $t \approx 6,93$ a)
B_2: $20 = 50-40e^{-0,1t}$, $t \approx 2,88$
Blume 1 erreicht 20 cm Höhe nach ca. 7 Tagen,
bei Blume 2 sind es ca. 3 Tage.

c) $h_2'(t) = 4e^{-0,1t}$, $1 = 4e^{-0,1t}$ gilt für $t \approx 14$
Am 14. Tag wächst Blume 2 um 1 cm.

d) $d(t) = h_2(t) - h_1(t) = 50 - 40e^{-0,1t} - 10e^{0,1t}$
$d'(t) = 4e^{-0,1t} - e^{0,1t}$, $d'(t) = 0$, $4 = e^{0,2t}$, $t \approx 6,93$
$d(6,93) \approx 10$
Nach ca. 7 Tagen ist die Differenz mit ca. 10 cm lokal maximal.

e) $d(t) = 0$: Probieren liefert:
$d(10) \approx 8$, $d(15) \approx -3,7$, $d(14) \approx -0,4$, $d(13) \approx 2,4$
Im Laufe des 14. Tages überholt Blume 1 Blume 2, d.h. sie sind für einen Moment gleich
groß.

143   54.a) Zu Beginn sind es 10 Mio Einwohner.

b) $N'(t) = 0,24e^{0,024t}$, $N'(0) = 240000$
Zu Beginn beträgt die Wachstumsrate 240000 Einwohner/Jahr.

c) $20 = 10e^{0,024t}$, $t \approx 29$
Nach ca. 29 Jahren hat sich die Einwohnerzahl verdoppelt.

d) $N'(t) = 1$ gilt für $t \approx 59,46$
Nach ca. 59,5 Jahren beträgt die Zuwachsrate 1 Mio/Jahr.

55. b) $a'(t) = 7e^{-0,05t}$, $a'(0) = 7$: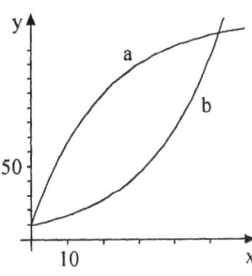

143

Die anfängliche Lernrate von Max beträgt 7 Vokabeln/min.

b) $b'(t) = 0,5e^{0,05t}$, $7 = 0,5e^{0,05t}$ gilt für $t \approx 52,8$

Nach ca. 53 Minuten hat Moritz die gleiche Lernrate erreicht.

c) $d(t) = a(t) - b(t) = 150 - 140e^{-0,05t} - 10e^{0,05t}$

$d'(t) = 7e^{-0,05t} - 0,5e^{0,05t}$, $d'(t) = 0$ gilt für $t \approx 26,4$

Nach 26,4 Minuten ist der Unterschied am größten.

56. a) $h(0) = 240$, $h(12) = 263$

Franz hat 240 Hasen gekauft. Nach einem Jahr sind es 263 Hasen.

b) $h'(t) = (8-t)e^{-0,05t}$, $h'(0) = 8$: Die Anfangspopulation beträgt 8 Hasen/Monat.

c) $h'(t) = 0$ gilt für $t = 8$, $h''(t) = (0,05t-1,4)e^{-0,05t}$, $h''(8) = -e^{-0,4} < 0$, Max.

Nach 8 Monaten erreicht die Population ihr Maximum.

d) $h''(t) = 0$ gilt für $t = 28$: Nach 28 Monaten verringert sich die Population am stärksten.

e) $h(6) \approx 267$: Franz hat ca. 37 Hasen Gewinn gemacht.

57. b) $T(0) = 400°$ ist die Anfangstemperatur.   a)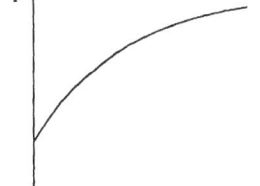

c) $T(60) = 761$

Die mittlere Temperaturerhöhung beträgt $\frac{761-400}{60} \approx 6\frac{°C}{s}$.

d) $T(t) = 1000$: $1000 = 1200 - 800e^{-0,01t}$ gilt für $t \approx 139$

Der Schmied muss ca. 139 Sekunden warten.

e) $T_{Grenz.} = 1200\,°C$

f) $T'(t) = 8e^{-0,01t} > 1$ gilt für $t < 208$

Er darf maximal 208 Sekunden dauern.

58. a) $v'(t) = (20-2t)e^{-0,1t}$, $v'(t) = 0$ gilt für $t = 10$, $v(10) \approx 73,6$ m/s

144

Die Maximalgeschwindigkeit beträgt 73,6 m/s.

b) $s'(t) = (-200+20t+200)e^{-0,1t} = v(t)$ und $s(0) = 0$

c) $l = s(30) \approx 1602$: Die Wegstrecke beträgt ca. 1602 m.

59. a) $m(t) = t - 1000e^{-0,01t} + C$, $m(0) = 0$, $C = 1000$

145

$m(t) = t - 1000e^{-0,01t} + 1000$

b) $m'(t) = 3$, $3 = 1 + 10e^{-0,01t}$ gilt für $t \approx 161$

Nach 161 Tagen sinkt die Fördergeschwindigkeit unter 3 Tonnen/Tag.

$$\text{Ölmenge} = \int_0^{161} m'(t)dt = [t - 1000e^{-0,01t} + 1000]_0^{161} \approx 961,1$$

Es werden 961 Tonnen gefördert.

60. a) $h(t) = \frac{1}{-0,05}e^{-0,05t} + C = -20e^{-0,05t} + C$, $h(0) = 20 \Rightarrow C = 40$

$h(t) = 40 - 20e^{-0,05t}$

b) $h(t) = 30$, $30 = 40 - 20e^{-0,05t}$ gilt für $t \approx 13,86$

Am 14. Tag läuft der Speicher über.

145

61. a) $L(t) = 20e^{-0,02t} + C$, $L(0) = 30$, $C = 10$
$L(t) = 10 + 20e^{-0,02t}$

   b) $L(t) = 15$, $15 = 10 + 20e^{-0,02t}$ gilt für $t \approx 69,31$
Nach ca. 69 Jahren wird der Gletscher nur noch 15 km lang sein.

62. a) $N(t) = 10e^{0,024t} + C$, $N(0) = 20$, $C = 10$
$N(t) = 10 + 10e^{0,024t}$

   b) $N(20) \approx 26,16$ Millionen Einwohner sind es nach 20 Jahren.

   c) $40 = 10 + 10e^{0,024t}$, $t \approx 45,78$
In ca. 45,78 Jahren hat sich der Bestand verdoppelt.

147

Die Radiokarbonmethode: $N(600) = 3 \cdot 10^{-11} \cdot e^{-0,00012 \cdot 600} \approx 2,79 \cdot 10^{-11}\%$

2. Logarithmusfunktionen

1. a) Nullstellen: $x = e$ b)

150

Ableitungen:

$f'(x) = 2(\ln x - 1) \cdot \frac{1}{x}$, $f''(x) = \frac{2}{x^2} \cdot (2 - \ln x)$

$f'''(x) = -\frac{2}{x^3} \cdot (5 - \ln x)$

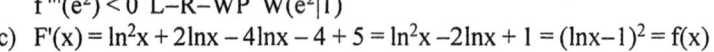

Extrema: $f'(x) = 0$ für $x = e$, $f''(e) > 0$, $T(e|0)$
Wendepunkte: $f''(x) = 0$ für $x = e^2$
$f'''(e^2) < 0$ L–R–WP $W(e^2|1)$

   c) $F'(x) = \ln^2 x + 2\ln x - 4\ln x - 4 + 5 = \ln^2 x - 2\ln x + 1 = (\ln x - 1)^2 = f(x)$

   d) $A = F(e^2) - F(e) = e^2 - 2e \approx 1,95$

   e) $f'(e^2) = \frac{2}{e^2}$,   Steigungswinkel $\alpha \approx 15,1°$;   Schnittwinkel mit $x = e^2$: $\beta = 90° - \alpha \approx 74,9°$

2. a) Nullstelle: $0 = x^2(\ln x - 1)$ $(x > 0)$, $0 = \ln x - 1$, $x = e$
Tiefpunkt: $f'(x) = x(2\ln x - 1) = 0$ für $2\ln x = 1$, $x = e^{0,5}$
                $f''(x) = 1 + 2\ln x$, $f''(e^{0,5}) 2 > 0$, Minimum, $T(e^{0,5}|-0,5e) = T(1,65|-1,36)$

151

        Wendepunkt: $f''(x) = 0$ für $x = e^{-0,5}$, $f'''(x) = \frac{2}{x}$, $f'''(e^{-0,5}) = \frac{2}{0,6} \neq 0$, $W(0,6|-0,55)$

   b)

x	0,1	0,01	0,001	...	$\to 0$
f'(x)	–0,6	–0,1	–0,01	...	$\to 0$

3. a) $t(x) = -2e^{-0,5}x + 0,5e^{-1}$ b) $f'(e) = e$, $\alpha = \arctan e = 69,8°$

   c) $\int x^2(\ln x - 1)dx = \frac{x^3}{3}(\ln x - 1) - \int \frac{x^3}{3} \cdot \frac{1}{x}dx = \frac{x^3}{3}(\ln x - 1) - \frac{1}{9}x^3 + C$

   d) $A = |\int_1^e f(x)dx| = |F(e) - F(1)| \approx 1,79$

4. $A(x) = \frac{1}{2}x \cdot f(x) = -x^2 \cdot \ln x$

     $A'(x) = -2x \cdot \ln x - x$, $A' = 0$ für $x = e^{-0,5}$ $P(e^{-0,5}|e^{-0,5})$ $(x > 0)$
     $A''(x) = -2\ln x - 3$, $A''(e^{-0,5}) = -2 < 0$ $\Rightarrow$ Maximum, $A_{max} \approx 0,18$

5. $l(z) = f(z) - g(z) = -z(\ln z + 1)$ mit $g(x) = x$, $l'(z) = -\ln z - 2$, $l' = 0$, $z = e^{-2} = 0{,}14$

    $l''(z) = -\frac{1}{z}$, $l''(e^{-2}) = -e^2 < 0$, Maximum, $l_{max} = 0{,}14$

151

6. a) Nullstellen: $x = 1$

153

     $f'(x) = -\frac{12}{x^3}(2\ln x - 1)$, $f''(x) = \frac{12}{x^4}(6\ln x - 5)$

     $f'''(x) = -\frac{24}{x^5}(12\ln x - 13)$

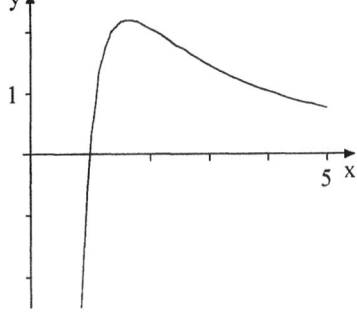

     Extrema: $x = e^{0{,}5}$, $f''(e^{0{,}5}) < 0$

          $\Rightarrow H(e^{0{,}5} \mid \frac{6}{e}) \approx (1{,}65 \mid 2{,}21)$

     Wendepunkte: $x = e^{\frac{5}{6}}$, $f'''(e^{\frac{5}{6}}) > 0$,   R–L–WP $W(e^{\frac{5}{6}} \mid \frac{10}{e^{5/3}}) \approx (2{,}3 \mid 1{,}89)$

   c) Ansatz: $t(x) = mx$ I. $mx = 12\frac{\ln x}{x^2}$

                        II. $m = -\frac{12}{x^3}(2\ln x - 1)$ II. in I.: $x = e^{\frac{1}{3}} \approx 1{,}4$, $m \approx 1{,}47$

     Resultat: $t(x) = 1{,}47x$, $B(1{,}40 \mid 2{,}06)$

7. a) $D_f = \{x \in R: \ x > 1\}$ b) $f'(x) = \frac{2}{x-1} - 1$, $f''(x) = \frac{-2}{(x-1)^2}$

154

   c) $f(2) = 2\ln(2-1) - 2 + 2 = 0$

     $f(4{,}4) = 0{,}0475509 > 0$, $f(4{,}6) = -0{,}0381323 < 0$, $f(4{,}5) = 0{,}0055229$

   d) $H(3 \mid 2\ln 2 - 1)$

e)	x	10	100	1000	$\to \infty$
	f(x)	−3,6	−88,8	−984	$\to -\infty$
	x	1,1	1,01	1,001	$\to 1$
	f(x)	−3,7	−8,2	−12,8	$\to -\infty$

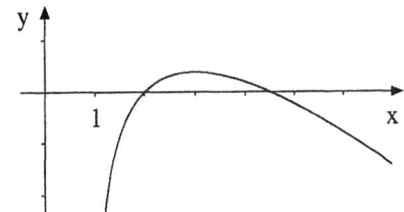

   g) Tangente in $P(2 \mid 0)$: $t(x) = x - 2$

     t schneidet die y–Achse bei $y = -2$.

8. a) $f'(x) = 2\ln\sqrt{x} + 1$, $f''(x) = \frac{1}{x}$

   b) Nullstellen: $x = 1$

     Extrema: $T(\frac{1}{e} \mid \frac{2}{e}\ln\sqrt{\frac{1}{e}}) \approx T(0{,}37 \mid -0{,}37)$

     Wendepunkte: keine

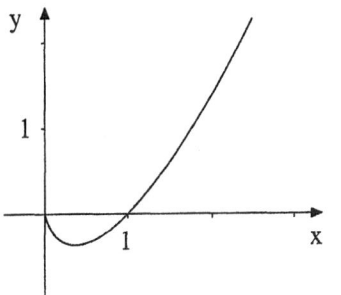

c)	x	0,1	0,01	0,001	$\to 0$
	f(x)	−0,23	−0,05	−0,007	$\to 0$
	f'(x)	−1,3	−3,6	−5,9	$\to -\infty$

   e) $F(x) = \int 2x \cdot \ln x \, dx = x^2 \ln\sqrt{x} - \frac{1}{2}\int x \, dx = x^2 \ln\sqrt{x} - \frac{1}{4}x^2 + C$

154

f) $A = |\int_{e^{-1}}^{1} f(x)dx| = [x^2 \ln\sqrt{x} - \frac{1}{4}x^2]_{1/e}^{1} \approx 0,15$ g) $P(1|0)$, $Q(e^{-2}|-2e^{-2})$

h) $t_p(x) = x-1$, $t_q(x) = -x - e^{-2}$, $S(0,5-0,5e^{-2}|-0,5-0,5e^{-2}) = S(0,43|-0,57)$

9. a) $D_f = R \setminus \{0\}$ b) $x = 0 \notin D_f$

   c) $0 = x(\ln(x^2)-2)$ $(x \neq 0)$
      $e^2 = x^2$, $x = \pm e$

   d) $f'(x) = \ln(x^2)$, $f''(x) = \frac{2}{x}$
      $T(1|-2)$, $H(-1|2)$

      keine Wendepunkte

   f) $-2x = x\ln(x^2)-2x$, $x = -1$, $x = 1$

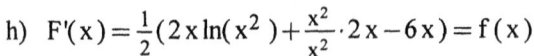

   g) $l(z) = -z\ln(z^2)$, $l'(z) = -\ln(z^2)-2$, $l''(z) = -\frac{2}{z}$
      $l'(\frac{1}{e}) = 0$, $l''(\frac{1}{e}) < 0$ $\Rightarrow$ Maximum $\Rightarrow z = \frac{1}{e}$

   h) $F'(x) = \frac{1}{2}(2x\ln(x^2) + \frac{x^2}{x^2} \cdot 2x - 6x) = f(x)$

   i) $A = |\lim_{k \to 0}(F(e) - F(k))| = |\lim_{k \to 0}(-\frac{1}{2}e^2 - \frac{1}{2}k^2(\ln(k^2)-3))| = |-\frac{1}{2}e^2| = \frac{e^2}{2}$

Knobelaufgabe

x = Gewicht des Hasen ,   y = Gewicht des Spanferkels

p = Preis pro Pfund Spanferkel

I $x + y = 20$, $x = 20 - y$

II $yp = 27,60$ $\Rightarrow$ $p = \frac{27,60}{y}$

III $x(p-0,20) = 8,20$
    $(20 - y)(\frac{27,60}{y} - 0,20) = 8,20$ $\Rightarrow$ $y^2 - 199y + 2760 = 0$, $y_1 = 15$, $(y_2 = 184)$
                                                       $\Rightarrow$ $x_1 = 5$ $(x_2 = -164 < 0)$

Resultat: Der Hase wiegt 5 Pfund, das Spanferkel wiegt 15 Pfund.

156

10. a) $f_a'(x) = \frac{1}{x} - \frac{2a}{x^3}$, $f_a''(x) = -\frac{1}{x^2} + \frac{6a}{x^4}$, $f_a'''(x) = \frac{2}{x^3} - \frac{24a}{x^5}$

    Extrema: $x = \sqrt{2a}$, $f_a''(\sqrt{2a}) = \frac{1}{a} > 0$, $T(\sqrt{2a} | \ln\sqrt{2a} + \frac{1}{2})$

    Wendepunkte: $x = \sqrt{6a}$, $f_a'''(\sqrt{6a}) < 0$, $L - R - WP$ $W(\sqrt{6a} | \ln\sqrt{6a} + \frac{1}{6})$

    Nullstellen: keine, da lediglich Tiefpunkt mit $y_T > 0$.

    b) $x = \sqrt{2a} = 3$ gilt für $a = 4,5$

    c) $F_a(x) = x \cdot \ln x - x - \frac{a}{x} + C$
       $A = F_e(e) - F_e(1) = e$

11. a) $f_a'(x) = a - \ln x - 1$, $f_a''(x) = -\frac{1}{x}$ e)

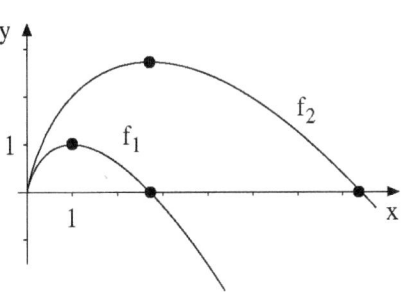

b) Nullstelle bei $x = e^a$

c) Extrema: $H(e^{a-1}|e^{a-1})$

   $f''(x) \neq 0 \Rightarrow$ keine Wendepunkte

d) $\lim\limits_{x \to \infty} f_1(x) = -\infty$, $\lim\limits_{x \to 0} \frac{1 - \ln x}{\frac{1}{x}} = 0$

f) $F_a(x) = a\frac{x^2}{2} + \frac{x^2}{4} - \frac{x^2}{2}\ln x$

g) $A = \int\limits_1^e f_1(x)dx = [F(e) - F(1)] = \frac{1}{4}e^2 - \frac{3}{4} \approx 1,1$

h) $A_a = \lim\limits_{k \to 0} \int\limits_k^{e^a} f_a(x)dx = \lim\limits_{k \to 0}[\frac{ax^2}{2} + \frac{x^2}{4} - \frac{x^2}{2}\ln x]_k^{e^a}$

   $= \frac{1}{4}e^{2a} - \lim\limits_{k \to 0}(\frac{ak^2}{2} + \frac{k^2}{4} - \frac{k^2}{2}\ln k)$

   $= \frac{1}{4}e^{2a} - 0 = \frac{1}{4}e^{2a}$

12. a) $f_a'(x) = 2a^2 x - \frac{a}{x}$, $f_a''(x) = 2a^2 + \frac{a}{x^2}$ c)

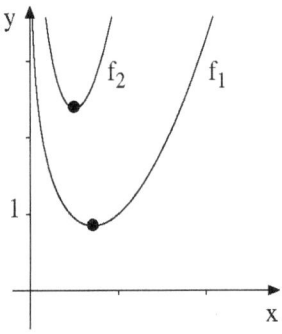

b) $T(\frac{1}{\sqrt{2a}}|\frac{a}{2}(1 + \ln(2a)))$, keine Wendepunkte

d) $f_1(x) \geq \frac{1}{2}(1 + \ln 2) \approx 0,85 > 0$

e) $\frac{a}{2}(1 + \ln(2a)) = 0 \Rightarrow a = \frac{1}{2e}$

13. a) $f_a'(x) = 2x - \frac{a}{x}$, $f_a''(x) = 2 + \frac{a}{x^2}$ c)

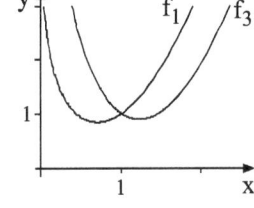

b) $T(\sqrt{\frac{a}{2}}|\frac{a}{2}(1 - \ln(\frac{a}{2})))$

   $f_a''(x) \neq 0 \Rightarrow$ keine Wendepunkte

d) $\frac{a}{2}(1 - \ln(\frac{a}{2})) = 0$, $a = 2e$

e) $\frac{a}{2}(1 - \ln(\frac{a}{2})) < 0 \Rightarrow$ 2 Nullstellen

   also für $1 < \ln(\frac{a}{2}) \Rightarrow$ 2 Nullstellen für $a > 2e$

   $\frac{a}{2}(1 - \ln(\frac{a}{2})) = 0 \Rightarrow$ 1 Nullstelle, also für $a = 2e$

   $\frac{a}{2}(1 - \ln(\frac{a}{2})) > 0 \Rightarrow$ keine Nullstellen für $a < 2e$

f) $F_a(x) = \frac{1}{3}x^3 - ax\ln x + ax$

g) Wendepunkte: $W(\sqrt{\frac{-a}{2}}|-\frac{a}{2}(1 + \ln(-\frac{a}{2})))$

   keine Extrema, Alle Graphen gehen durch $P(1|1)$

   Für $a_1 < a_2$ gilt: $f_{a_1}(x) < f_{a_2}(x)$ für $x < 1$, $f_{a_1}(x) > f_{a_2}(x)$ für $x > 1$

   Wegen $\lim\limits_{x \to 0} f_a(x) = -\infty < 0$ und $f_a(1) = 1 > 0$

   muss für jedes $a < 0$ eine Nullstelle existieren.

157

14. a) $f_a'(x) = 2\ln(ax) \cdot \frac{1}{x}$, $f_a''(x) = \frac{2}{x^2}(1 - \ln(ax))$, $f_a'''(x) = -\frac{6}{x^3} + \frac{4}{x^3}\ln(ax)$

b) Nullstellen: $x_{1/2} = \frac{1}{a}e^{\pm\sqrt{a}}$

Extrema: $T(\frac{1}{a}|-a)$

c) Wendepunkte:

$1 - \ln(ax) = 0 \Rightarrow x = \frac{e}{a}$

$f'''(\frac{e}{a}) \neq 0, W(\frac{e}{a}|1-a)$

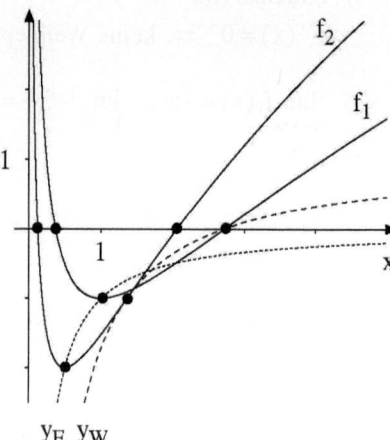

e) $\lim\limits_{x \to 0} f_a(x) = \infty$, $\lim\limits_{x \to \infty} f_a(x) = \infty$

f) $t(x) = \frac{2a}{e}x \underbrace{-1-a}_{y-\text{Abschnitt}}$, $a = 3$

g) Ortskurve der Extrema: $y(x) = -\frac{1}{x}$

h) Ortskurve der Wendepunkte: $y(x) = 1 - \frac{e}{x}$

i) $F_a'(x) = \ln^2(ax) + \frac{x}{x} \cdot 2\ln(ax) - 2\ln(ax) - 2 + 2 - a = \ln^2(ax) - a = f_a(x)$

3. Gebrochen–rationale Funktionen

161

1. Polynomdivision liefert: $f(x) = -1 + \frac{2}{x^2+1}$, $F(x) = -x + 2\arctan x$

$$A = 2(F(1) - F(0)) \approx 1{,}14$$

161

2. $A(x) = 2x \cdot (\frac{1-x^2}{x^2+1} + 1) = \frac{-x^3 - x^2 + x + 1}{x^2+1} = \frac{4x}{x^2+1}$

$A'(x) = \frac{4(1-x^2)}{(x^2+1)^2}$

$A'(x) = 0: \quad x = 1$

Maße des Rechtecks: Breite 2, Höhe 1

162

3. a) Nullstellen: $x = \pm\sqrt{12{,}25} = \pm 3{,}5$

Symmetrie: $f(-x) = f(x)$, also Symmetrie zur y-Achse

Definitionsbereich: $D_f = \mathbb{R}$

Asymptote: $A(x) = -2$

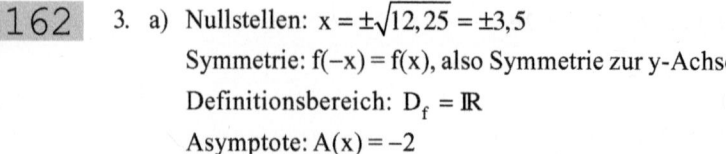

b) $0{,}5 = \frac{44{,}5}{x^2+10} - 2$, $2{,}5x^2 + 25 = 44{,}5$, $x = \sqrt{7{,}8} \approx 2{,}79$

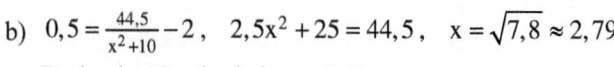

Breite der Nutzbarkeit: ca. 5,58 m

c) $f'(x) = \frac{-89x}{(x^2+10)^2}$, $f'(-3{,}5) \approx 0{,}629$, $\alpha \approx 32{,}2°$

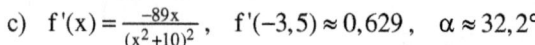

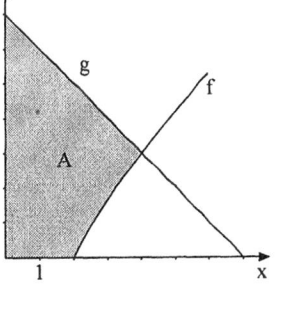

4. a) Nullstellen: $x_1 = -2$, $x_2 = 2$, Asymptote: $A(x) = x$

   b) $f(x) = g(x)$ liefert $7x - 2x^2 + 4 = 0$ mit $x_1 = -0,5$, $x_2 = 4$

   $S_1(-0,5|7,5)$, $S_2(4|3)$

   c) $A = A_1 + A_2$

   $$A_1 = \int_0^2 g(x)dx = 12$$

   $$A_2 = \int_2^4 (g(x) - f(x))dx = 2 + 4\ln 2 \approx 4,77$$

   $A = 167700 \text{m}^2$

   d) Zu zeigen ist, dass $f'(x) \neq 1$ gilt.

   Der Ansatz $1 = 1 + \frac{4}{x^2}$, $\frac{4}{x^2} = 0$ liefert einen Widerspruch.

5. a) Tiefe: $f(3) - f(0) = \frac{12}{7} \approx 1,71$ m

   b) Querschnitt: $A = 2\int_0^3 (\frac{12}{7} - 4 + \frac{48}{x^2+12})dx = 2\int_0^3 (-\frac{16}{7} + \frac{4}{\frac{x^2}{12}+1})dx$

   $$= [-\frac{32}{7}x]_0^3 + 8 \cdot \sqrt{12} \int \frac{1}{z^2+1}dz = -\frac{96}{7} + [8 \cdot \sqrt{12} \arctan \frac{x}{\sqrt{12}}]_0^3 \approx 6,07 \text{ m}^2$$

   Volumen bei 1 km = 1000 m Länge: $V \approx 6070 \text{ m}^3$

   c) Querschnitt: $A = 2\int_0^3 (\frac{12}{7} - g(x))dx = 2[\frac{12}{7}x + \frac{1}{320}x^5 - \frac{5}{48}x^3]_0^3 \approx 6,18 \text{ m}^2$

   Volumen: ca. 6180 m^3, das sind ca. 2% mehr als unter b.

6. a) $x_0 = 0$, $A(x) = 0$

   b) $\frac{\Delta f}{\Delta t} = \frac{f(4) - f(0)}{4} = \frac{16 - 0}{4} = 4$

   c) $v'(t) = \frac{-128(t^2 - 16)}{(t^2+16)^2}$, $v'(t) = 0 : t = 4$, $v(4) = 16$, $v_{max} = 16\frac{m}{s}$

   Nach 4 Sekunden erreicht er mit 16m/s, das sind 57,6 km/h, seine höchste Geschwindigkeit.

   d) $g'(x) = \frac{2x}{x^2+1}$ wg. $v(t) = 64 \cdot \frac{2t}{t^2+16} : V(t) = 64 \cdot \ln(t^2 + 16)$

   e) $s(5) = \int_0^5 v(t)dt = V(5) - V(0) = 64(\ln 41 - \ln 16) \approx 60,22\text{m}$

   $s(t) = 100 = V(t) - V(0) = 64(\ln(t^2+16) - \ln 16)$, $t \approx 7,77\text{s}$

   Nach 5 Sekunden hat er ca. 60,22 m zurückgelegt.

   Für 100 m braucht er ca. 7,8 Sekunden.

7. $A = f(x) \cdot x = \frac{x}{x^2+2}$, $A'(x) = \frac{-x^2+2}{(x^2+2)^2}$, $A'(x) = 0 : x = \sqrt{2}$

   maximaler Inhalt für $P(\sqrt{2}|\frac{1}{4})$

169

8. a) D_{f_a} : $x \in \mathbb{R}$, $x \neq 3$

     $x \to 3+0$: $f \to \infty$, $x \to 3-0$: $f \to -\infty$

     Für große x-Werte gilt $f \approx -10$.

   b) Nullstelle: $x = 4a + 3$

   c) Ansatz: $t_a(x) = f_a'(4a+3)(x-4a-3)$

     mit $f_a'(x) = \dfrac{-0,025a}{(0,025x-0,075)^2}$, $f_a'(4a+3) = -\dfrac{2,5}{a}$

     folgt $t_a(x) = -\dfrac{2,5}{a}x + 10 + \dfrac{7,5}{a}$

   d) Basisdurchmesser: $d_u = 2(4a+3) = 14$ für $a = 1$, also 140 m

     Mündungsdurchmesser: $f_1(x) = 20$: $\dfrac{1}{0,025x-0,075} - 10 = 20$, $x \approx 4,33$

     $d_o \approx 2 \cdot 4,33 = 8,66$, also ca. 86,6m

   e) Steigungswinkel am Boden: $f_1'(7) = -2,5$ $\Rightarrow$ $\alpha \approx 111,8°$

     Steigungswinkel oben: $f_1'(4,33) \approx -22,61$ $\Rightarrow$ $\beta \approx 92,5°$

   f) Achsenschnittpunkte: $Y(0|10+\frac{7,5}{a})$, $X(4a+3|0)$

     Flächeninhalt des Dreiecks: $A(a) = \frac{1}{2}(10+\frac{7,5}{a})(4a+3) = 20a + 30 + \dfrac{22,5}{2a}$

              $A'(a) = 20 - \dfrac{22,5}{2a^2}$, $A'(a) = 0$ für $a = \sqrt{\dfrac{22,5}{40}} = 0,75$

     Extremum für $a = 0,75$. Wegen $A''(0,75) = \dfrac{22,5}{0,75^3} > 0$ handelt es sich um ein Minimum.

   g) Umkehrfunktion von f:

     $f_1(x) = \dfrac{40}{x+10} + 3$

     Die um 22cm also um 0,022
     in -y-Richtung verschobene
     Funktion:

     $f_2(x) = \dfrac{40}{x+10} + 2,978$

     Die benötigte Betonmenge ergibt
     sich nun als Differenz der Rotations-
     volumina beider Funktionen:

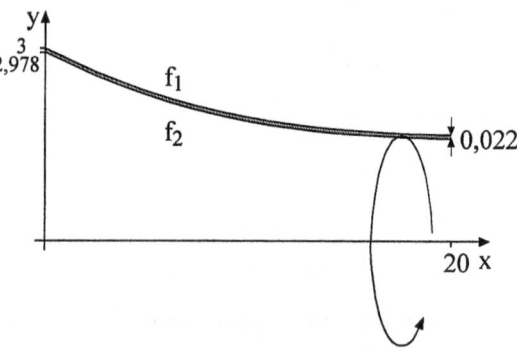

$$V = \pi \int_0^{20} ((f_1(x))^2 - (f_2(x))^2)dx = \pi \int_0^{20} ((\tfrac{40}{x+10}+3)^2 - (\tfrac{40}{x+10}+2,978)^2)dx$$

$$= \pi \int_0^{20} (\tfrac{1,76}{x+10} + 0,131516)dx = [1,76\ln(x+10)+0,131516x]_0^{20} \approx 14,3378$$

     Wegen 1 LE = 10m entspricht 1 VE = 1000 m^3.
     Resultat: Benötigte Betonmenge ca. 14338 m^3

9. a) Nullstellen: $x_1 = 1$, $x_2 = 5$

$$\lim_{x \to 0+} f(x) = \infty, \quad \lim_{x \to 0-} f(x) = \infty$$

169

b) $f'(x) = \frac{6}{x^2} - \frac{10}{x^3}$, $\quad f''(x) = -\frac{12}{x^3} + \frac{30}{x^4}$, $\quad f'''(x) = \frac{36}{x^4} - \frac{120}{x^5}$

Extrema:

$f'(x) = 0$: $x = \frac{5}{3}$, $\quad f''(\frac{5}{3}) = 1{,}296 > 0 \quad T(\frac{5}{3} | -0{,}8)$

Wendepunkte: $f''(x) = 0$: $\quad x = 2{,}5$

$f'''(2{,}5) \approx -0{,}3 \neq 0 \quad W(2{,}5 | -0{,}6)$

Asymptote von f: $A(x) = 1$

c) $A = |\int_1^5 f(x)dx = |[x - 6\ln x - \frac{5}{x}]_1^5 | \approx 1{,}66$

d) I. $g_a(x) = f(x)$: $\quad \frac{a}{x^2} = \frac{x^2 - 6x + 5}{x^2}$, $\quad 0 = x^2 - 3x$, $\quad x = 3$

II. $g_a'(x) = f'(x)$: $\quad -\frac{2a}{x^3} = \frac{6x - 10}{x^3}$, $\quad a = 5 - 3x$, $\quad a = -4$

$g_{-4}(x) = \frac{-4}{x^2}$ berührt f in $P(3 | -\frac{4}{9}) \approx (3 | -0{,}44)$.

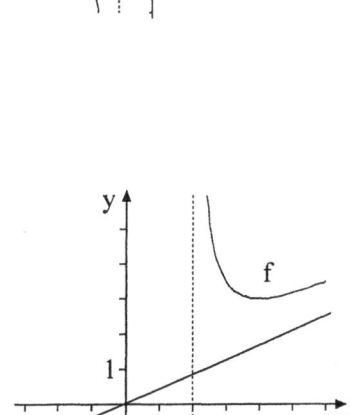

10. a) Nullstellen: $x_1 = 0$, $x_2 = 3$, $D_f = \mathbb{R} / \{-1\}$, Pol bei $x = -1$

$$\lim_{x \to -1-} f(x) = -\infty, \quad \lim_{x \to -1+} f(x) = \infty$$

b) $(x^2 - 3x):(x+1) = x - 4 + \frac{4}{x+1}$, $A(x) = x-4$

c) $f'(x) = \frac{x^2 + 2x - 3}{(x+1)^2}$, $\quad f''(x) = \frac{8}{(x+1)^3}$

$f'(x) = 0: x_1 = 1$, $\quad x_2 = -3$

$f''(1) = 1 > 0$, $\quad T(1 | -1)$

$f''(-3) = -1 < 0$, $\quad H(-3 | -9)$

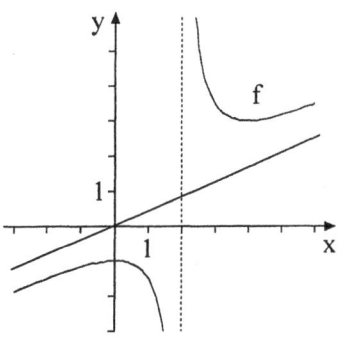

d) $A(x) = x \cdot f(x) = \frac{x^3 - 3x^2}{x+1}$, $\quad A'(x) = \frac{2x^3 - 6x}{(x+1)^2}$

$A'(x) = 0$: $\quad x = -\sqrt{3}$, $\quad f(-\sqrt{3}) \approx -11{,}20$

Abmessungen: Breite 1732m, Länge 11200m

11. a) D_f: $\quad x \in \mathbb{R}$, $\quad x \neq 2$ \hspace{2cm} c)

170

$x \to 2+$: $f \to \infty$, $\quad x \to 2-$: $f \to -\infty$

$x \to \pm\infty$: $f \to \frac{1}{2}x$

b) $f'(x) = \frac{1}{2} - \frac{2}{(x-2)^2}$, $\quad f''(x) = \frac{4}{(x-2)^3}$

Extrema: $f'(x) = 0$ für $x = 0$ und $x = 4$

$f''(0) = -0{,}5 < 0$, $H(0|-1)$, $f''(4) = 0{,}5 > 0$, $T(4|3)$

Wendepunkte: keine

170

d) Ansatz: $t(x) = mx + n$

Wegen $t(0) = 8$ gilt $n = 8$.

$m = f'(x) = \frac{1}{2} - \frac{2}{(x-2)^2}$ Wegen $t(x) = f(x)$ im Berührpunkt gilt:

$\frac{1}{2}x - \frac{2x}{(x-2)^2} + 8 = \frac{1}{2}x + \frac{2}{x-2}$, $x^2 - \frac{9}{2}x + \frac{9}{2} = 0$ mit der Lösung $x = 3$ ($x = 1,5$), $m = -1,5$

Resultat: $t(x) = -1,5x + 8$

e) Gerade g durch Q senkrecht zu t: $g(x) = \frac{2}{3}x + n$, $Q(1|0)$: $n = -\frac{2}{3}$, $g(x) = \frac{2}{3}x - \frac{2}{3}$

Schnittpunkt von t und g: $S(4|2)$, Abstand: $d = \sqrt{9+4} = \sqrt{13} \approx 3,61$

f) $x \to \pm\infty$: $f \to \frac{1}{2}x$, $A = \int\limits_{e+1}^{2e} \frac{2}{x-e}dx = [2\ln(x-e)]_{e+1}^{2e} = 2$

12. a) f ist für $x = 0$ nicht definiert. $x \to 0+$: $f \to -\infty$, $x \to 0-$: $f \to -\infty$

$$x \to \pm\infty: \quad f \to 0$$

b) $f'(x) = -\frac{2}{x^2} + \frac{2}{x^3} = \frac{2-2x}{x^3}$, $f''(x) = \frac{4}{x^3} - \frac{6}{x^4}$

Extrema: $f'(x) = 0$ für $x = 1$, $f''(1) = -2 < 0$, $H(1|1)$

Wendepunkte: $f''(x) = 0$ für $x = 1,5$, $W(1,5|\frac{8}{9})$

c) Ansatz: $g(x) = mx$

I.   Es gilt $g(x) = f(x)$: $mx = \frac{2}{x} - \frac{1}{x^2}$

II.   Es gilt $m = f'(x)$: $m = -\frac{2}{x^2} + \frac{2}{x^3}$, $-\frac{2}{x^2} + \frac{2}{x^3} = \frac{2}{x} - \frac{1}{x^2}$, $\frac{3}{x^2} = \frac{4}{x}$, $x = \frac{3}{4}$, $y = \frac{8}{9}$

Länge des Zubringers: $d = \sqrt{(\frac{3}{4})^2 + (\frac{8}{9})^2} \approx 1,163$

Kosten: 581 500 Euro

d) $f_a = f_b$: $\frac{2x-a}{x^2} = \frac{2x-b}{x^2}$ gilt nur für $-a = -b$, $a = b$, d.h. für $a \ne b$ ist $f_a \ne f_b$.

e) $\int\limits_1^2 (\frac{2x-a}{x^2} - \frac{2x-b}{x^2})dx = \int\limits_1^2 \frac{b-a}{x^2}dx = [\frac{b-a}{x}]_1^2 = \frac{a-b}{2} = 2$ d.h. $a - b = 4$

13. a) $f(x) = \frac{2-x^3}{x} = \frac{2}{x} - \frac{x^3}{x} = \frac{2}{x} - x^2$

f ist für $x = 0$ nicht definiert

$x \to 0+$: $f \to \infty$, $x \to 0-$: $f \to -\infty$

$x \to \pm\infty$: $f \to -x^2$

b) $f'(x) = -\frac{2}{x^2} - 2x$, $f''(x) = \frac{4}{x^3} - 2$, $f'''(x) = -\frac{12}{x^4}$

Extrema: $f'(x) = 0$ für $x = -1$, $f''(-1) = -6 < 0$, $H(-1|-3)$

Wendepunkte: $f''(x) = 0$ für $x = \sqrt[3]{2} \approx 1,26$

$f'''(1,26) \ne 0$, $W(1,26|0)$

170

c) $A_1 = \int\limits_{\sqrt[3]{2}}^{3} x^2 dx = [\frac{1}{3}x^3]_{\sqrt[3]{2}}^{3} = 8\frac{1}{3} \approx 8,33$, $A_2 = \int\limits_{\sqrt[3]{2}}^{3} \frac{2}{x} dx = [2\ln x]_{\sqrt[3]{2}}^{3} \approx 1,74$

A1 + A2 ist der Inhalt der von $\frac{2}{x}$ und $-x^2$ über $[\sqrt[3]{2};3]$ eingeschlossene Fläche.

d) Ansatz: $t(x) = mx + 2$

I. $mx + 2 = \frac{2}{x} - x^2$ II. $m = -\frac{2}{x^2} - 2x$, $x^2 + \frac{4}{x} - 2 = 0$

Der Berührpunkt liegt im 3. Quadranten, d.h. x ist negativ und muss links vom Hochpunkt also links von −1 liegen. Eine Probe zeigt, dass x = −2 gilt.

mit m = 3,5 folgt t(x) = 3,5x + 2.

171

14. a) $f(-x) = -\frac{x}{2} - \frac{1}{2x} = -f(x)$, Symmetrie zum Ursprung

b) $f'(x) = \frac{1}{2} - \frac{1}{2x^2}$, $f''(x) = \frac{1}{x^3}$

c) Nullstellen: $f(x) = \frac{x^2+1}{2x}$, keine Nullstellen   f)

Polstelle bei x = 0 mit VZW von − nach +

d) $\lim\limits_{x\to\infty} ((\frac{1}{2}x + \frac{1}{2x}) - \frac{1}{2}x) = \lim\limits_{x\to\infty} (+\frac{1}{2x}) = 0$

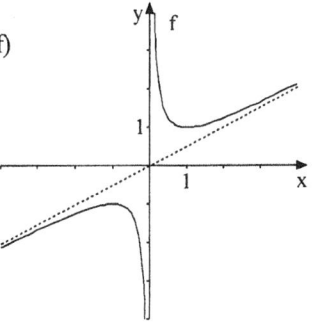

e) $f'(x) = \frac{x^2-1}{2x^2}$, $f''(x) = \frac{1}{x^3} \neq 0$

$H(-1|-1)$, $T(1|1)$, keine Wendepunkte

g) $F(x) = \frac{1}{4}x^2 + \frac{1}{2}\ln|x|$

h) $A = \int\limits_{1}^{4} (f(x) - g(x)) dx = \int\limits_{1}^{4} \frac{1}{2x} dx = \frac{1}{2}[\ln x]_1^4 = \frac{1}{2}\ln 4 = \ln 2 \approx 0,693$

i) $V = \pi \int\limits_{1}^{4} (\frac{x^2}{4} + \frac{1}{2} + \frac{1}{4x^2}) dx = \pi \cdot [\frac{x^3}{12} + \frac{1}{2}x - \frac{1}{4x}]_1^4 = \pi \cdot \frac{111}{16}$

15. a) Nullstelle: x = 1, Polstelle bei x = 0 mit VZW von + nach −

b) $\lim\limits_{x\to\infty} f(x) = \lim\limits_{x\to-\infty} f(x) = 0$

c) $f'(x) = \frac{4(3-2x)}{x^4}$, $f''(x) = \frac{24(x-2)}{x^5}$, $f'''(x) = \frac{48(5-2x)}{x^6}$ d)

Extrema: $H(\frac{3}{2}|\frac{16}{27})$, Wendepunkt: $W(2|\frac{1}{2})$

e) $F(x) = \frac{2}{x^2} - \frac{4}{x}$

f) $A = \int\limits_{1}^{a} f(x) dx = [\frac{2}{x^2} - \frac{4}{x}]_1^a = \frac{2}{a^2} - \frac{4}{a} + 2 = 0,5$

$\Leftrightarrow$ $1,5a^2 - 4a + 2 = 0$, $a = 2$ $(a = \frac{2}{3})$

g) $x_s = \frac{4}{3}$, $d(x) = f(x) - p(x) = \frac{4x-4}{x^3} - \frac{1}{x^2} = \frac{3x-4}{x^3}$

$d'(x) = \frac{6(2-x)}{x^4}$, $d''(x) = \frac{6(3x-8)}{x^5}$

Maximale Differenz besteht an der Stelle $x_M = 2$, $d_{max} = 0,25$.

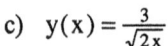

h) I. $mx_B = \dfrac{4x_B-4}{x_B^3} \Leftrightarrow mx_B^4 = 4x_B-4$

II. $m = \dfrac{4(3-2x_B)}{x_B^4} \Leftrightarrow mx_B^4 = 12-8x_B$

$\Rightarrow$ $4x_B - 4 = 12 - 8x_B$

$x_B = \dfrac{4}{3}$, $m = \dfrac{27}{64}$, $h(x) = \dfrac{27}{64}x$

16. a) $D = R \setminus \{0\}$, Asymptote: $A_a(x) = \dfrac{x}{a}$ b)

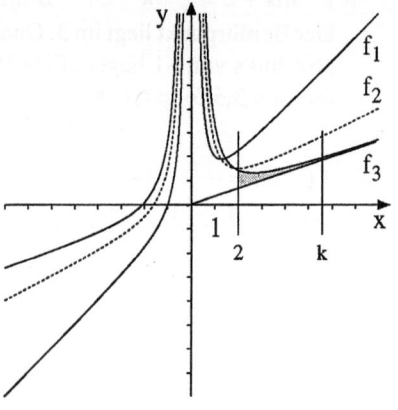

Nullstellen: $x = -\sqrt[3]{a^2}$

Polstelle ohne VZW bei $x = 0$

keine Standardsymmetrie

$f_a{}'(x) = \dfrac{1}{a} - \dfrac{2a}{x^3}$, $f_a{}''(x) = \dfrac{6a}{x^4}$

Extrema: $T(\sqrt[3]{2a^2} \mid \dfrac{3}{\sqrt[3]{4a}})$

keine Wendepunkte

c) $y(x) = \dfrac{3}{\sqrt{2x}}$

d) $F_a(x) = -\dfrac{a}{x} + \dfrac{x^2}{2a} + C$

e) $A(k) = \displaystyle\int_2^k \dfrac{3}{x^2}\, dx = [-\dfrac{3}{x}]_2^k = 1{,}5 - \dfrac{3}{k}$, $\displaystyle\lim_{k\to\infty} A(k) = 1{,}5$

4. Wurzelfunktionen

1. a) $D_f = [-1; 1]$

   b) $D_f = \{x \in \mathbb{R} \mid x \leq 4\}$

   c) $f(x) = \sqrt{(x-0,5)^2 - 2,25}$
      $D_f = \{x \in \mathbb{R} \mid x \leq -1 \text{ und } x \geq 2\}$

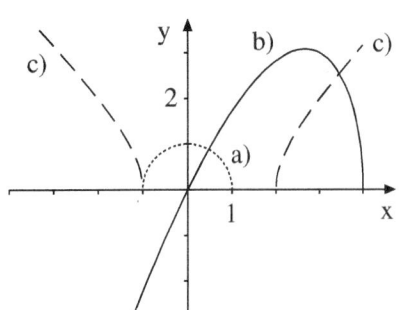

172

2. a) $f'(x) = \frac{-1}{\sqrt{4-2x}}$, $D_f = \{x \in \mathbb{R} \mid x \leq 2\}$
      $f'(x) \to -\infty$ für $x \to 2$, $f'(x) \to 0$ für $x \to -\infty$
      keine Extrema

173

   b) $f'(x) = \frac{-0,5x+1}{2\sqrt{-0,25x^2+x+3}} = \frac{1-0,5x}{\sqrt{16-(x-2)^2}}$
      $D_f = \{x \in \mathbb{R} \mid x \geq -2 \text{ und } x \leq 6\}$
      $f'(x) \to \infty$ für $x \to -2$, $f'(x) \to -\infty$ für $x \to 6$

      Extremum: $f'(x) = 0$ für $x = 2$, $H(2|2)$

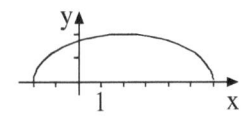

3. $f(1) = 0,36$: $\sqrt{a+b} = 0,36$, $a+b = 0,1296$
    $f(2) = 0$: $\sqrt{2a+4b} = 0$, $2a+4b = 0$
    $a = 0,2592$, $b = -0,1296$
    $f(x) = \sqrt{0,2592x - 0,1296x^2}$

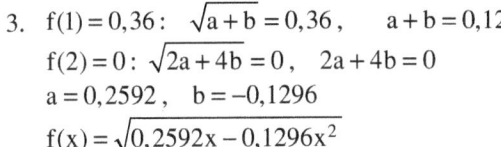

4. a) Nullstellen: $x = -2$, $x = 0$; $D = [-2; \infty[$ d)

175

   b) $f'(x) = \sqrt{x+2} + \frac{x}{2\sqrt{x+2}}$

   c) $\lim\limits_{\substack{x \to -2 \\ x > -2}} f'(x) = -\infty$

5. a) Nullstellen: $x = 0$, $x = 2$; $D = \mathbb{R}_0^+$

   b) $f'(x) = 3\sqrt{x} - \frac{5}{2}\sqrt{x^3}$

   c) $\tan \alpha = -2\sqrt{2} \Rightarrow |\alpha| \approx 70,53°$

   d) $\lim\limits_{\substack{x \to 0 \\ x > 0}} f'(x) = 0$

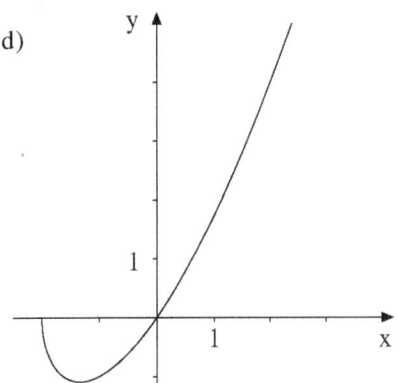

6. a) Nullstelle: $x = 2$; $D = \mathbb{R}$

   b) $f'(x) = \frac{3x^2}{2\sqrt{x^3+1}}$ c) $t(x) = 2x - 4$

175

7. Nullstellen: $x = 0$, $x = 9$, $A = \int\limits_0^9 (3x - x^{\frac{3}{2}})dx = [\frac{3}{2}x^2 - \frac{2}{5}x^{\frac{5}{2}}]_0^9 = 24,3$

8. Nullstellen: $x = -1$, $x = 1$, $A = \pi\int\limits_{-1}^1 4(1 - x^2)dx = 4\pi[x - \frac{1}{3}x^3]_{-1}^1 = \frac{16}{3}\pi \approx 16,76$

9. a) Nullstellen: $x = 0$, $x = 5$

   b) $\int x\sqrt{5 - x}\,dx = -\int(5 - u)\sqrt{u}\,du$

   $= \frac{2}{5}u^{\frac{5}{2}} - \frac{10}{3}u^{\frac{3}{2}} + C$

   $= \frac{2}{5}\sqrt{(5 - x)^5} - \frac{10}{3}\sqrt{(5 - x)^3} + C$

   $A = [\frac{2}{5}\sqrt{(5 - x)^5} - \frac{10}{3}\sqrt{(5 - x)^3} + C]_0^5$

   $\approx 14,91$

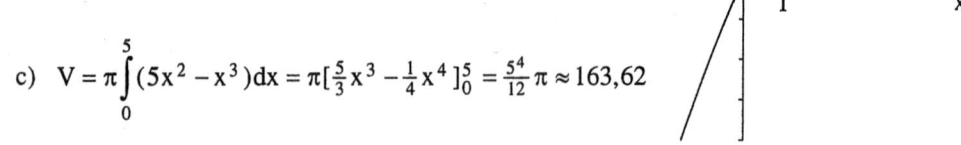

   c) $V = \pi\int\limits_0^5 (5x^2 - x^3)dx = \pi[\frac{5}{3}x^3 - \frac{1}{4}x^4]_0^5 = \frac{54}{12}\pi \approx 163,62$

10. a) $D =]-2;2[$

    b) $f'(x) = \frac{2}{\sqrt{4 - x^2}} + \frac{2x^2}{\sqrt{(4 - x^2)^3}}$, $f'(1) \approx 1,54$

    c) $\int \frac{2x}{\sqrt{4 - x^2}}\,dx = \int \frac{-du}{\sqrt{u}} = -2\sqrt{u} + C = -2\sqrt{4 - x^2} + C$

    $A = [-2\sqrt{4 - x^2}]_0^1 = 4 - 2\sqrt{3} \approx 0,54$

176

11. a) $f'(3) = \sqrt{3} = \tan\alpha \implies \alpha = 60°$

    b) $A = |\int\limits_0^3 (x^{\frac{3}{2}} - 3x^{\frac{1}{2}})dx| = |[\frac{2}{5}x^{\frac{5}{2}} - 2x^{\frac{3}{2}}]_0^3| \approx 4,16$

    c) $V = \pi\int\limits_0^3 (x^3 - 6x^2 + 9x)dx = [\frac{1}{4}x^4 - 2x^3 + 4,5x^2]_0^3 = 6,75\pi \approx 21,21$

177

12. a) $\lim\limits_{\substack{x \to 0 \\ x > 0}} f'(x) = \lim\limits_{\substack{x \to 0 \\ x > 0}} \frac{3 - x}{\sqrt{6x - x^2}} = \infty$, $\lim\limits_{\substack{x \to 6 \\ x > 6}} f'(x) = \lim\limits_{\substack{x \to 6 \\ x > 6}} \frac{3 - x}{\sqrt{6x - x^2}} = -\infty$

    b) $t(x) = 0,35x + 2,12$

    c) Das absolute Maximum liegt bei $x = 3$, absolute Minima liegen an den Rändern der Definitionsmenge von f, also bei $x = 0$ und $x = 6$

12.d) $V = \pi \int_0^6 (6x - x^2)\,dx = \pi[3x^2 - \tfrac{1}{3}x^3]_0^6 = 36\pi \approx 113,1$

177

e) $A_D(x) = \tfrac{1}{2} \cdot x \cdot f(x) = \tfrac{x}{2}\sqrt{6x - x^2}$, $A_D'(x) = \tfrac{1}{2}\sqrt{6x - x^2} + \dfrac{3x - x^2}{2\sqrt{6x - x^2}}$

$A_D'(x) = 0 \Rightarrow x = 0, \quad x = 4,5$

Anschaulich ist klar, dass das Maximum bei x = 4,5 sein muss. $A_{max} = 5,85$

13. $V = \pi \int_{-6}^0 (\tfrac{1}{3}x^3 + 2x^2)\,dx = \pi[\tfrac{1}{12}x^4 + \tfrac{2}{3}x^3]_{-6}^0 = 36\pi \approx 113,1$

178

14.a) $D_f = \{x \in \mathbb{R} : x \leq 6\}$

179

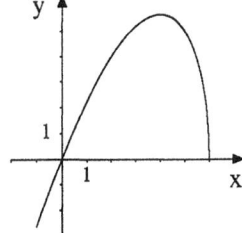

b) $f'(x) = \sqrt{6 - x} - \tfrac{x}{2} \cdot \dfrac{1}{\sqrt{6-x}}$, $f''(x) = \dfrac{-1}{\sqrt{6-x}} - \dfrac{x}{4\sqrt{(6-x)^3}}$

c) Nullstellen: $x = 0$, $x = 6$, Extrema: $H(4|4\sqrt{2})$

e) $t(x) = \sqrt{6} \cdot x$

f) $A = \int_0^6 x\sqrt{6 - x}\,dx = -\tfrac{2}{3}x(6 - x)^{\frac{3}{2}} + \tfrac{2}{3}\int_0^6 (6 - x)^{\frac{3}{2}}\,dx$

$= [-\tfrac{2}{3}x(6 - x)^{\frac{3}{2}}]_0^6 - [\tfrac{4}{15}(6 - x)^{\frac{5}{2}}]_0^6 \approx 23,52$

g) $V = \pi \int_0^6 f^2(x)\,dx = \pi[2x^3 - \tfrac{1}{4}x^4]_0^6 \approx 108$

15.a) $8x\,2x^2 = 2x(4 - x) > 0$, $D = [0;4]$

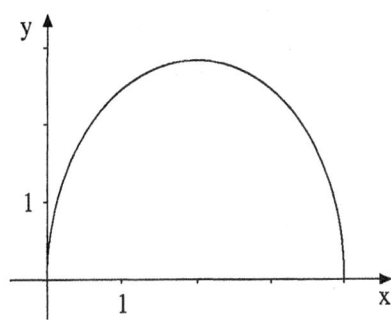

Nullstellen: $x = 0$, $x = 4$

b) $f'(x) = \dfrac{4 - 2x}{\sqrt{8x - 2x^2}}$, $f'(x) = 0$: $x = 2$

$f''(x) = \dfrac{-2\sqrt{8x - 2x^2} - (4 - 2x)\frac{4 - 2x}{\sqrt{8x - 2x^2}}}{8x - 2x^2} = \dfrac{-16}{(8x - 2x^2)\sqrt{8x - 2x^2}}$, $f''(2) < 0$, Max

absolutes Maximum $H(2|2\sqrt{2})$, absolute Minima bei $x = 0$ und $x = 4$ (y jeweils 0)

d) $V = \pi \int_0^4 (8x - 2x^2)\,dx = \pi[4x^2 - \tfrac{2}{3}x^3]_0^4 = \tfrac{64}{3}\pi \approx 67,02$

179

16.a) $D = [-2;2]$, Nullstellen: $x = -2$, $x = 0$, $x = 2$ c)

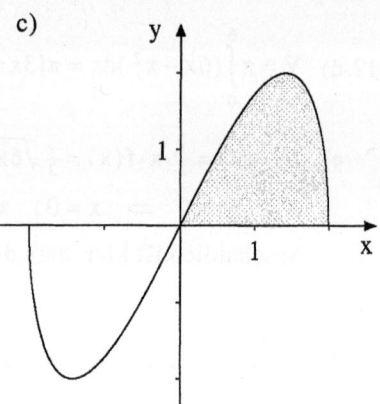

b) $\quad f'(x) = \frac{4-2x^2}{\sqrt{4-x^2}}$, $\quad f'(x) = 0$: $\quad x = \pm\sqrt{2}$

$f''(x) = \frac{2x^2-12x}{(4-x^2)\sqrt{4-x^2}}$, $\quad f''(x) = 0$: $\quad x = 0$

$f''(-\sqrt{2}) = 4 > 0 \Rightarrow T(-\sqrt{2}\,|-2)$

$f''(\sqrt{2}) = -4 < 0 \Rightarrow H(\sqrt{2}\,|\,2)$

$\quad f''(1) \approx -1,92 < 0$

$\quad f''(-1) \approx 1,92 > 0 \quad \Rightarrow \quad W(0\,|\,0)$

d) $t(x) = 2x$

e) $\lim\limits_{\substack{x \to 2 \\ x < 2}} f'(x) = -\infty$, $\quad \lim\limits_{\substack{x \to -2 \\ x > -2}} f'(x) = -\infty$

f) $\int x\sqrt{4-x^2}\,dx = -\frac{1}{2}\int \sqrt{u}\,du = -\frac{1}{3}u^{\frac{3}{2}} + C = -\frac{1}{3}\sqrt{(4-x^2)^3} + C$

$\qquad A = [-\frac{1}{3}\sqrt{(4-x^2)^3}]_0^2 = \frac{8}{3} \approx 2,67$

17.a) Nullstellen: $x = 0$, $x = 9$, $D = R_0^+$ c)

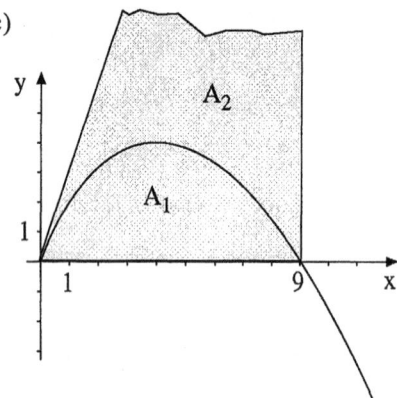

b) $f'(x) = 3 - \frac{3}{2}\sqrt{x}$, $\quad f'(x) = 0$: $\quad x = 4$

$f''(x) = -\frac{3}{4\sqrt{x}}$, $\quad f''(x) = 0$: keine

$f''(4) = -\frac{3}{8} < 0 \quad \Rightarrow \quad H(4|4)$

d) $t(x) = 3x$, $S(9|27)$, $A_D = 121,5$

$A_1 = \int\limits_0^9 (3x - x^{\frac{3}{2}})\,dx = [\frac{3}{2}x^2 - \frac{2}{5}x^{\frac{5}{2}}]_0^9 = 24,3$

$A_2 = A_D - A_1 = 97,2$, $\quad \frac{A_1}{A_2} = \frac{1}{4}$

e) $A(x) = 3x^2 - x^{\frac{5}{2}}$, $A'(x) = 6x - \frac{5}{2}x^{\frac{3}{2}}$, $A''(x) = 6 - \frac{15}{4}\sqrt{x}$, $A'(x) = 0$: $\quad x = \frac{144}{25}$

$A''(\frac{144}{25}) = -3 < 0 \Rightarrow$ Max , $A_{max} \approx 19,91$, $Q(5,76|3,456)$

18.a) Ableitungen:

$f'(x) = \sqrt[3]{x} + (x-1)\cdot\frac{1}{3}x^{-\frac{2}{3}} = \frac{4}{3}x^{\frac{1}{3}} - \frac{1}{3}x^{-\frac{2}{3}}$

$f''(x) = \frac{4}{9}x^{-\frac{2}{3}} + \frac{2}{9}x^{-\frac{5}{3}}$

Nullstellen: $x = 1$, $x = 0$, $D = [0;\infty[$

Extrema: $T(\frac{1}{4}|-0,47)$, Wendepunkte: keine

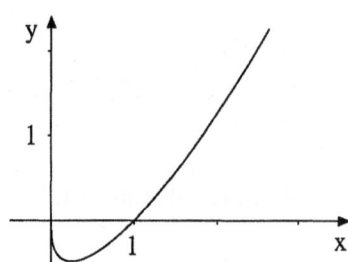

18.b) Ableitungen:

$$f'(x) = \frac{3x^2}{2\sqrt{x^3+1}}, \quad f''(x) = \frac{x^4+1}{4(x^3+1)\sqrt{x^3+1}}$$

Nullstellen: $x = 2$, $D = [-1;\infty[$

Extrema: Sattelpunkt $S(0|-2)$

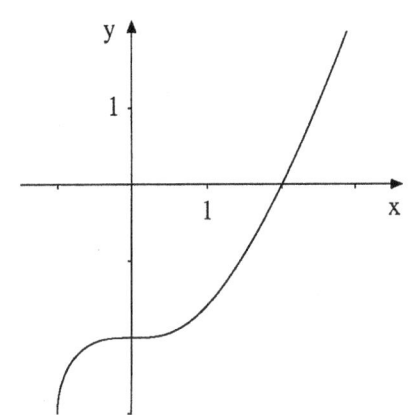

c) Ableitungen:

$$f'(x) = \frac{1}{2\sqrt{x+2}} - \frac{1}{2\sqrt{x-2}}$$

$$f''(x) = -\tfrac{1}{4}(x+2)^{-\frac{3}{2}} + \tfrac{1}{4}(x-2)^{-\frac{3}{2}}$$

Nullstellen: keine , $D = [2;\infty[$

Extrema: keine

Wendepunkte: keine

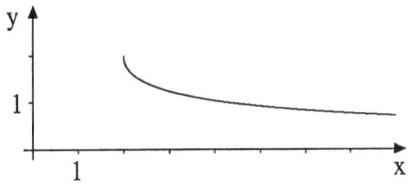

d) Ableitungen:

$$f'(x) = \frac{4-2x^2}{\sqrt{4-x^2}} \quad , \quad f''(x) = \frac{-12x+2x^3}{(4-x^2)\sqrt{4-x^2}}$$

Nullstellen: $x = 0$, $x = -2$, $x = 2$

$D = [-2;2]$

Extrema: $H(\sqrt{2}|2)$, $H(-\sqrt{2}|2)$

Tiefpunkt $T(0|0)$ ohne waag. Tangente

Wendepunkte: keine

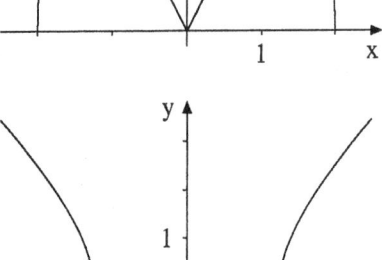

e) Ableitungen:

$$f'(x) = \frac{x}{\sqrt{x^2-4}} \quad , \quad f''(x) = \frac{-4}{(x^2-4)\sqrt{x^2-4}}$$

Nullstellen: $x = -2$, $x = 2$, $D =]-\infty;-2] \cup [2;\infty[$

Extrema: keine

Wendepunkte: keine

f) Ableitungen:

$$f'(x) = \frac{3x^2-6x}{2\sqrt{x^3-3x^2}} \quad , \quad f''(x) = \frac{x^2-4}{4(x^3-3x^2)}$$

Nullstellen: $x = 0$, $x = 3$, $D = \{0\} \cup [3;\infty[$

Extrema: keine

Wendepunkte: keine

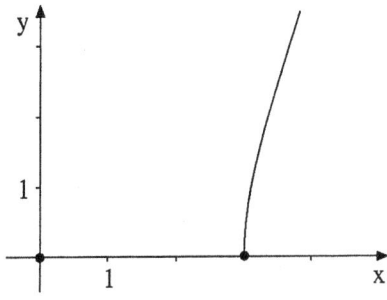

180

19. $f'(4,5 = 3,75$, $\alpha \approx 75,1°$

$g'(x) = \frac{9}{\sqrt{8}} \cdot \frac{1}{2\sqrt{x}}$, $g'(4,5) = 0,75$, $\beta \approx 36,9°$, $\gamma = \alpha - \beta = 38,2°$

182

20.a) D_f: $x^2(4-x^2) \geq 0$ gilt für $-2 \leq x \leq 2$ c)

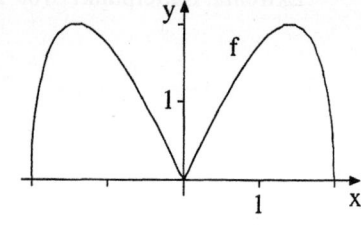

Nullstellen: $x = 0$ und $x = \pm 2$

$f(-x) = f(x)$: Symmetrie zur y-Achse

b) $f'(x) = \frac{8x-4x^3}{\sqrt{4x^2-x^4}} = \frac{8x-4x^3}{|x|\sqrt{4-x^2}}$

Betragsstriche, wegen $\sqrt{x^2} = |x|$.

$f'(x) = 0$ für $x = 0$ und $x = \pm\sqrt{2}$

$H_1(-1,41|2)$, $H_2(1,41|2)$

d) f ist stetig in $x_0 = 0$ aber nicht differenzierbar: $\lim\limits_{x \to 0+} f'(x) = 4$, $\lim\limits_{x \to 0-} f'(x) = -4$

e) $g(x) = -f(x) = -\sqrt{4x^2 - x^4}$

f) $x = -2$: $\lim\limits_{x \to -2} f'(x) = \infty$, $\lim\limits_{x \to -2} g'(x) = -\infty$, d.h. Steigungswinkel jeweils 90°

Entsprechendes gilt für x = 2, also glatte Übergänge.

$x = 0$: $\lim\limits_{x \to 0-} f'(x) = -4$, $\lim\limits_{x \to 0+} g'(x) = -4$, $\lim\limits_{x \to 0+} f'(x) = 4$, $\lim\limits_{x \to 0-} g'(x) = 4$

Also auch bei x = 0 glatter Übergang.

g) $A = \int\limits_0^2 2x \cdot \sqrt{4-x^2}\,dx = -\int \sqrt{u}\,du = -\frac{2}{3}u^{\frac{3}{2}} + C = [-\frac{2}{3}(4-x^2)^{\frac{3}{2}}]_0^2 = \frac{16}{3} \approx 5,33$, $u = 4-x^2$

h) $V = 2\pi\int\limits_0^2 (4x^2 - x^4)\,dx = 2\pi[\frac{4}{3}x^3 - \frac{1}{5}x^5]_0^2 = 2\pi(\frac{32}{3} - \frac{32}{5}) \approx 26,81$

21.a) D_f: $x \in \mathbb{R}$, $x \geq 0$, Nullstelle: $x = 0$

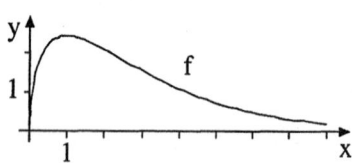

b) $f'(x) = (\frac{2}{\sqrt{x}} - 2\sqrt{x}) \cdot e^{-0,5x}$, $f'(x) = 0$ für $x = 1$

$H(1|\frac{4}{\sqrt{e}}) \approx (1|2,43)$

c) $f''(x) = (-\frac{1}{\sqrt{x^3}} - \frac{2}{\sqrt{x}} + \sqrt{x}) \cdot e^{-0,5x}$, $f''(x) = 0$:

$-1 - 2x + x^2 = 0$, $x = 1 + \sqrt{2} \approx 2,41$, $W(2,41|1,86)$

d) $x \to \infty$: $f(x) \to 0$

e) $A(x) = 4\sqrt{x^3} \cdot e^{-0,5x}$, $A'(x) = (6\sqrt{x} - 2\sqrt{x^3}) \cdot e^{-0,5x}$, $A'(x) = 0$ für $x = 3$

Der Inhalt des Rechtecks wird für x = 3 maximal.

f) I. $f(4) = g(4)$: $8e^{-2} = \sqrt{4a + b}$

II. $f'(4) = g'(4)$: $-3e^{-2} = \frac{a}{2\sqrt{4a+b}}$, $-3e^{-2} = \frac{a}{16e^{-2}}$, $a = -48e^{-4}$, $b = 256e^{-4}$

$g(x) = \sqrt{256e^{-4} - 48e^{-4}x} = \frac{4}{e^2}\sqrt{16 - 3x} \approx \sqrt{-0,88x + 4,69}$

g) $V = \pi(16\int_0^4 x \cdot e^{-x}dx + \frac{16}{e^4}\int_4^{5,33}(16-3x)dx) = \pi([16(-xe^{-x} - e^{-x})]_0^4 + \frac{16}{e^4}[16x - \frac{3}{2}x^2]_4^{5,33})$

$\approx \pi(14,53 + 0,78) \approx 48,1$

22. a) $D_f = [-20; 20]$

b) $f'(x) = \frac{3}{4} \cdot \frac{-x}{\sqrt{400-x^2}}$, $f''(x) = \frac{300}{(400-x^2)^{3/2}}$

Extremum: $x = 0$, $f''(0) < 0$, $H(0|15)$

Die Halle ist 15 m hoch.

c) $f'(-20) = \frac{15}{0} = \infty$, $f'(20) = -\infty$: Das Dach trifft unter 90° den Boden, also senkrecht.

d) $f(x) = 9$: $400 - x^2 = 144$, $x = 16$
$f(x) = 12$: $400 - x^2 = 256$, $x = 12$: Das Glasdach ist 4 m breit

e) $f'(-16) = 1$: Die Antenne schneidet die Haut unter 45°.
Sie endet in 15 m Höhe, überragt also nicht die Halle.

f) $y = \sqrt{400 - x^2}$, $x^2 + y^2 = 20^2$, also Halbkreis
Querschnitt der Halle: $A = \frac{3}{4} \cdot \frac{400\pi}{2} = 150\pi \approx 471$ m²

Volumen: $V = 60 \cdot A \approx 28260$ m³

23. a) $D = [-3; 3]$
Nullstellen: $N_1(-3|0)$, $N_2(0|0)$, $N_3(3|0)$

b) $f'(x) = \frac{1}{2} \cdot \frac{9x - 2x^3}{\sqrt{9x^2 - x^4}}$, $-3 < x < 3, x \neq 0$

Nullstellen von $f(x)$: $9 - 2x^2 = 0$ $\Leftrightarrow$ $x = \pm\frac{3}{2}\sqrt{2}$, $y = \frac{9}{4}$

Tiefpunkte: $T_1(-3|0)$, $T_2(0|0)$, $T_3(3|0)$; Begründung: $f(x) \geq 0$

Hochpunkte: $H_1(-\frac{3}{2}\sqrt{2}|\frac{9}{4})$, $H_2(\frac{3}{2}\sqrt{2}|\frac{9}{4})$;

Begründung: $f'(x)$ hat an diesen Stellen einen Vorzeichenwechsel von + nach −.

c) $V = \pi\int_0^3 \frac{1}{4}(9x^2 - x^4)dx = \frac{\pi}{4}[3x^3 - \frac{1}{5}x^5]_0^3 = \frac{81}{10}\pi \approx 25,45$cm³

d) $f^2(x) = g^2(x)$: $9x^2 - x^4 = 12x - 4x^2$
Eine Schnittstelle ist $x = 0$: $S_1(0|0)$.
Damit reduziert sich die Gleichung zu: $x^3 - 13x + 12 = 0$.
Eine zweite Schnittstelle ist $x = 3$: $S_2(3|0)$.
Polynomdivision durch $x - 3$ reduziert die Gleichung zu: $x^2 + 3x - 4 = 0$.
Lösungen: $x = 1$, $(x = -4)$; dritter Schnittpunkt $S_3(1|\sqrt{2})$.

183

Mittelpunkt der Kugel: $M(1,5|0)$, Radius: $r = 1,5$;

Kugelvolumen: $V = \frac{4}{3}\pi(1,5)^3 = 4,5\pi \approx 14,18\,cm^3$. Das sind ca 56% des Sandvolumens.

e) $f'(x) = \frac{1}{2} \cdot \frac{9-2x^2}{\sqrt{9-x^2}}$, $x > 0$; $\lim\limits_{\substack{x\to 0 \\ x>0}} f'(x) = \frac{3}{2}$, Winkel mit der x-Achse: ca. $56,31°$.

$f'(x) = \frac{1}{2} \cdot \frac{2x^2-9}{\sqrt{9-x^2}}$, $x < 0$; $\lim\limits_{\substack{x\to 0 \\ x<0}} f'(x) = -\frac{3}{2}$, Winkel mit der x-Achse: ca. $-56,31°$

Winkel zwischen den Graphenabschnitten: ca. $67,38°$.

f) $\int \frac{x}{2}\sqrt{9-x^2}\,dx = \int \frac{1}{2} \cdot \sqrt{u} \cdot (-\frac{1}{2}du) = -\frac{1}{4} \cdot \frac{2}{3} \cdot u^{\frac{3}{2}} + C$ $\qquad$ $9-x^2 = u$, $-2x\,dx = du$

$\qquad\qquad = -\frac{1}{6}(\sqrt{9-x^2})^3 + C$

g) $\int\limits_0^3 f(x)dx = [-\frac{1}{6}(\sqrt{9-x^2})^3]_0^3 = \frac{9}{2}$

Querschnittsfläche: $A = 18\ cm^2$.

184 24. a) $t(x) = -\frac{1}{2}x + \frac{1}{2}a^2$, $\frac{1}{2}a^2 = 3$ $\Leftrightarrow$ $a = \sqrt{6}$

b) $A = \int\limits_0^{a^2}(a\sqrt{x} - x)dx = [\frac{2a}{3}x^{\frac{3}{2}} - \frac{1}{2}x^2]_0^{a^2} = \frac{a^4}{6} = 216$ $\Rightarrow$ $a = 6$

185 25. a) $D = R_0^+$, Nullstellen: $x = 0$, $x = a^2$

b) $f_a'(x) = a - \frac{3}{2}\sqrt{x}$, $x \geq 0$, $f_a''(x) = -\frac{3}{4}x^{-\frac{1}{2}}$, $x > 0$

c) $f_a'(x) = 0$: $x = \frac{4a^2}{9}$, $f_a''(\frac{4a^2}{9}) = -\frac{9}{8a} < 0$ $\Rightarrow$ Max $H(\frac{4a^2}{9}|\frac{4a^3}{27})$
keine Wendepunkte

d) $x_E = \frac{4a^2}{9} \Rightarrow a = \frac{3}{2}\sqrt{x_E}$, $y_E = \frac{4a^3}{27} = \frac{x_E\sqrt{x_E}}{2}$ $\Rightarrow$ $y = \frac{x\sqrt{x}}{2}$

f) $t_1(x) = ax$, $t_2(x) = -\frac{a}{2}x + \frac{a^3}{2}$

g) Für $a = 3$.

h) $m_1 = a$, $m_2 = -\frac{a}{2}$

Sie schneiden sich senkrecht, wenn

$m_1 = -\frac{1}{m_2}$ gilt, also für $a = \sqrt{2}$

e)

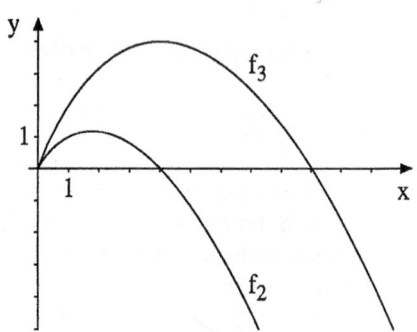

26.a) $D = [a^2; \infty[$, Nullstelle: $x = a^2$ b) $\lim\limits_{\substack{x \to a^2 \\ x > a^2}} f_a{}'(x) = \infty$ **185**

$f_a{}'(x) = \frac{a}{2\sqrt{x-a^2}}, x \neq a^2$, $f_a{}''(x) = \frac{-a}{4\sqrt{(x-a^2)^3}},$ $x \neq a^2$

keine Extrema, keine Wendepunkte

d) I. $f_1(x) = g(x) \Rightarrow mx = \sqrt{x-1}$, II. $f_1{}'(x) = m \Rightarrow m = \frac{1}{2\sqrt{x-1}}$

II. in I.: $\sqrt{x-1} = \frac{1}{2\sqrt{x-1}} \cdot x$

$2(x-1) = x \Rightarrow x = 2$, B(2|1)

$g(x) = \frac{1}{2}x$

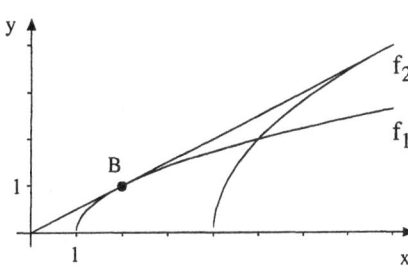

e) Schnittpunkt von f_1 und f_2: $x = 5$

$A = \int\limits_1^5 f_1(x)dx - \int\limits_4^5 f_2(x)dx$

$= [\frac{2}{3}(x-1)^{\frac{3}{2}}]_1^5 - [\frac{4}{3}(x-4)^{\frac{3}{2}}]_4^5 = 4$

f) $f_1 = f_a$: $\sqrt{x-1} = a\sqrt{x-a^2}$, $x = \frac{1-a^4}{1-a^2} = 1+a^2$, S$(1+a^2 | a)$

$A = \int\limits_1^{1+a^2} \sqrt{x-1}\,dx - a \int\limits_{a^2}^{1+a^2} \sqrt{x-a^2}\,dx = [\frac{2}{3}(x-1)^{1,5}]_1^{1+a^2} - a[\frac{2}{3}(x-a^2)^{1,5}]_{a^2}^{1+a^2}$

$= \frac{2}{3}a^3 - \frac{2}{3}a = \frac{2}{3} \cdot a(a^2 - 1) = \frac{2}{3}a \cdot (a-1) \cdot (a+1)$

Ein Produkt von drei aufeinanderfolgenden Zahlen ist durch 3 teilbar. Also ist das Ergebnis für ganzzahliges a ebenfalls ganzzahlig.

27.a) $D =]-\infty; a]$, Nullstellen: $x = a$, $x = 0$

b) $f_a{}'(x) = \frac{2a-3x}{2a\sqrt{a-x}}$, $f_a{}''(x) = \frac{-4a+3x}{4a(a-x)\sqrt{a-x}}$

c) Extrema: $H(\frac{2a}{3} | \frac{2}{3}\sqrt{\frac{a}{3}})$, keine WP

d) $y = \frac{1}{3}\sqrt{2x}$

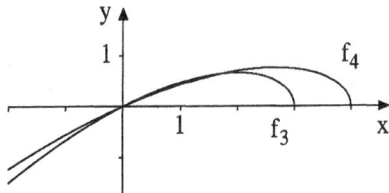

f) $\int \frac{x}{a}\sqrt{a-x}\,dx = \frac{1}{a}\int (z-a)\sqrt{z}\,dz = \frac{1}{a}\int (z^{\frac{3}{2}} - az^{\frac{1}{2}})\,dz$

$= \frac{1}{a}[\frac{2}{5}z^{\frac{5}{2}} - \frac{2}{3}az^{\frac{3}{2}}] + C = \frac{1}{a}[\frac{2}{5}\sqrt{(a-x)^5} - \frac{2a}{3}\sqrt{(a-x)^3}] + C$

$A = \int\limits_0^a \frac{x}{a}\sqrt{a-x}\,dx = \frac{1}{a}[\frac{2}{5}\sqrt{(a-x)^5} - \frac{2a}{3}\sqrt{(a-x)^3}]_0^a = \frac{4a\sqrt{a}}{15}$

$= 7,2 \Rightarrow a = 9$

g) Tangente: $t(x) = \frac{1}{\sqrt{a}} \cdot x$, $\frac{1}{\sqrt{a}} = \tan 45° = 1$, $a = 1$

h) $H(\frac{2a}{3} | \frac{2}{3} \cdot \sqrt{\frac{a}{3}})$, $\frac{2}{3} \cdot \sqrt{\frac{a}{3}} = 2$, $a = 27$

Test

188

1. a) $N_1(t) = 500 \cdot e^{0,235t}$, $\quad T_2 = \frac{\ln 2}{0,235} \approx 2,95\,h$

$500 \cdot e^{0,235t} = 10000$, $\quad t = \frac{\ln 20}{0,235} \approx 12,75\,h$

b) $N_2(t) = \frac{20000}{1 + 39 \cdot e^{-0,243t}}$

d) $N_2(t) = 10000:\quad t \approx 15,08\,h$

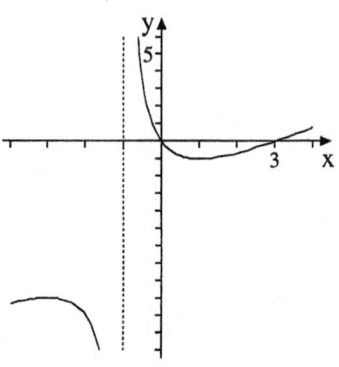

2. a) $f'(x) = (3-x) \cdot e^{-\frac{1}{3}x} = 0$, $\quad x = 3$

nördlichster Punkt: $H(3\,|\,\frac{9}{e}) \approx (3\,|\,3,31)$

b) $\int 3x \cdot e^{-\frac{1}{3}x}dx = -9x \cdot e^{-\frac{1}{3}x} + 9\int e^{-\frac{1}{3}x}dx = -9x \cdot e^{-\frac{1}{3}x} - 27e^{-\frac{1}{3}x} = -9(x+3) \cdot e^{-\frac{1}{3}x}$

Neubaugebiet: $A = F(6) - F(0) = -81e^{-2} + 27 \approx 16,04\,ha$

c) $f''(x) = (\frac{1}{3}x - 2) \cdot e^{-\frac{1}{3}x}$, $\quad f''(x) = 0:\quad x = 6$, $\quad W(6\,|\,\frac{18}{e^2})$

Wendenormale: $n(x) = \frac{e^2}{3}(x-6) + \frac{18}{e^2}$

$n(t) = 0:\ x = (-\frac{18}{e^2} + 2e^2) \cdot \frac{3}{e^2} \approx 5,01$

Der Kanal trifft die Grenze (x–Achse) bei ca. $x = 5,01$.

3. a) Nullstellen: $x = 0$ und $x = 3$

$D_f = \mathbb{R}\,/\{-1\}$

Polstelle mit VZW von $-\infty$ nach $+\infty$ bei $x = -1$

$f'(x) = \frac{x^2 + 2x - 3}{(x+1)^2}$, $\quad f''(x) = \frac{8}{(x+1)^3}$

Extrema: $f'(x) = 0: x = 1$ und $x = -3$

$f''(1) = 1 > 0:\ T(1|-1)$; $\quad f''(-3) = -1 < 0:\ H(-3|-9)$

Wendepunkte: keine

Asymptote: $A(x) = x - 4$

c) $x = 0: f'(0) = -3$, $\quad \alpha \approx 71,6°$

$x = 3: f'(3) = 0,75$, $\quad \beta \approx 36,9°$

d) $\int (x - 4 + \frac{4}{x+1})dx = \frac{1}{2}x^2 - 4x + 4\ln|x+1|$

$A = F(0) - F(3) \approx 1,95\,FE$

4. a) $D_f = \{x \in \mathbb{R}, x \geq -0,5\}$, Nullstellen: $x = -0,5$ und $x = 4$

    $f'(x) = -\sqrt{2x+1} + \frac{4-x}{\sqrt{2x+1}} = 0$: $x = 1$, $H(1\,|\,3\sqrt{3})$

    188

  b) $F(x) = \int (4-x)\sqrt{z}\,\frac{dz}{2} = \int (-\frac{1}{4}z + \frac{9}{4})\sqrt{z}\,dz = -\frac{1}{10}z^{2,5} + \frac{3}{2}z^{1,5}$

     $= -\frac{1}{10}\sqrt{(2x+1)^5} + \frac{3}{2}\sqrt{(2x+1)^3}$

    $A = F(4) - F(-0,5) = 16,2$ FE

  c) $A(x) = (4x - x^2) \cdot \sqrt{2x+1}$, $A'(x) = (4-2x) \cdot \sqrt{2x+1} + \frac{4x-x^2}{\sqrt{2x+1}} = 0$, $x \approx 2,34$

    maximaler Inhalt für x ca. 2,34

V. Grundbegriffe der Wahrscheinlichkeitsrechnung
1. Zufallsversuche und Ereignisse

190   1. Individuelle Aufgabenstellung

191   2. a) Der Ausgang des Experimentes ist nicht vorhersagbar.
       b) $\Omega = \{0;1;2;...;8;9\}$ c) $E = \{0;2;4;6;8\}$
       d) E_1: ungerade Ziffer; E_2: Vielfaches von 3; E_3: Primzahl

195   3. $P("1") = \frac{5}{9}$, $P("2") = \frac{3}{9}$, $P("3") = \frac{1}{9}$ Erwartete Auszahlung pro Spiel:
     $0€ \cdot \frac{5}{9} + 2€ \cdot \frac{3}{9} + 5€ \cdot \frac{1}{9} = 1,22€ > 1€$ Einsatz $\Rightarrow$ Man gewinnt durchschnittlich 0,22 € pro
     Spiel. Das Spiel lohnt sich daher auf lange Sicht für den Spieler.

     4. Der zu erwartende Spielgewinn ist:
       $P(3) \cdot 1€ + P(2) \cdot 0,5€ + P(1) \cdot 0€ = \frac{1}{6} \cdot 1€ + \frac{2}{6} \cdot 0,5€ + \frac{3}{6} \cdot 0€ = \frac{1}{3}€.$
       Der Einsatz muss höher als $\frac{1}{3}$ Euro sein, also mindestens 0,34 Euro betragen, damit der
       Automat die besseren Chancen hat.

196   5. $\Omega = \{(1,1);(1,2);(1,3);(1,4);(1,5);(1,6);(2,1);...;(5,6);(6,6)\}$, $|\Omega| = 36$
       $G = \{(4,6);(5,5);(5,6);(6,4);(6,5);(6,6)\}$, $P(G) = \frac{1}{6}$

       Im Mittel gewinnt man 1 von 6 Spielen, das bedeutet 3 Euro Auszahlung bei 6 Euro Einsatz
       und einen durchschnittlicher Verlust von 0,5 Euro pro Spiel.
       Bei einem Einsatz von 0,5 Euro wäre das Spiel fair.

     6. Von den 27 neuen Würfeln hat nur der in der Mitte liegende Würfel keine rote Fläche. Eine
       rote Fläche haben die 6 in der Mitte jeder Würfelseite liegenden neuen Würfel.
       Zwei rote Flächen haben die 12 in der Mitte jeder Würfelkante liegenden neuen Würfel.
       Drei rote Flächen haben die 8 Eckwürfel.
       $P(E_1) = \frac{1}{27}$, $P(E_2) = \frac{12}{27}$, $P(E_3) = \frac{20}{27}$, $P(E_4) = \frac{19}{27}$

     7. $\{(4,5);(4,6);(5,4);(5,5);(5,6);(6,4);(6,5);(6,6)\}$
       $P(\text{Produkt} > 18) = \frac{8}{36} = \frac{2}{9}$

     8. Nebenstehend sind die 18 Felder dargestellt,
       von denen aus die weiße Dame dem schwar-
       zen König Schach bieten kann.

       $P(\text{Schach}) = \frac{18}{62} = \frac{9}{31} \approx 29\%$

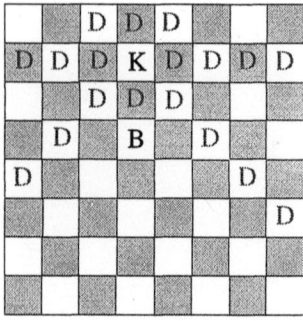

9. Ω : Wir betrachten alle Tripel, der Gestalt (x, y, z), mit paarweise verschiedenen x, y, z aus $\{B_1, B_2, R_1, R_2, R_3\}$. Für x gibt es 5 Möglichkeiten, für y 4 davon verschiedene Möglichkeiten und für z sind es 3 verbleibende Möglichkeiten.

Also gibt es insgesamt $5 \cdot 4 \cdot 3 = 60$ Tripel (x, y, z), d.h. $|\Omega| = 60$.

E_1: E_1 besteht aus Tripeln mit 2 blauen und 1 roten Kugel.
Diese haben die Gestalt: (b, b, r) : 6 Möglichkeiten oder
                          (b, r, b) : 6 Möglichkeiten oder
                          (r, b, b) : 6 Möglichkeiten
Insgesamt sind es 18 Tripel, $|E_1| = 18$. Daher $P(E_1) = \frac{18}{60} = 0,3$.

E_2: E_2 besteht aus Tripeln mit 3 roten Kugel.
Diese haben die Gestalt: (r, r, r) : 6 Möglichkeiten, d aher $P(E_2) = \frac{6}{60} = 0,10$.

E_3: E_3 besteht aus Tripeln der Gestalt: (r, r, r) : 6 Möglichkeiten oder
                          (r, r, b) : 12 Möglichkeiten oder
                          (r, b, r) : 12 Möglichkeiten oder
                          (b, r, r) : 12 Möglichkeiten
Insgesamt sind es 42 Möglichkeiten. Daher $P(E_3) = \frac{42}{60} = 0,70$.

10. a) $P(2) = \frac{6}{36}$, $P(3) = \frac{7}{36}$, $P(4) = \frac{13}{36}$, $P(5) = \frac{7}{36}$, $P(6) = \frac{3}{36}$, also Summe 4

b) $P(\text{Summe} < 5) = P(2) + P(3) + P(4) = \frac{6}{36} + \frac{7}{36} + \frac{13}{36} = \frac{26}{36} = \frac{13}{18}$

c) $P(\text{Pasch}) = P(1+1) + P(2+2) + P(3+3) = \frac{6}{36} + \frac{2}{36} + \frac{3}{36} = \frac{11}{36}$

2. Mehrstufige Zufallsversuche/Baumdiagramme

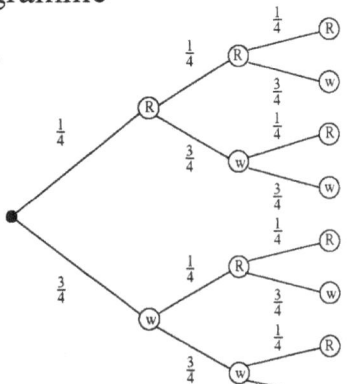

1. $P(E_1) = \frac{1}{64} \approx 1,56\%$, $P(E_2) = \frac{1}{64} + \frac{27}{64} = \frac{7}{16} = 43,75\%$

$P(E_3) = \frac{3}{64} \approx 4,69\%$, $P(E_4) = \frac{27}{64} \approx 42,19\%$

$P(E_5) = \frac{10}{64} \approx 15,63\%$

2. a) $P(5\,\text{Euro}) = \frac{1}{36}$, $P(2\,\text{Euro}) = \frac{1}{18}$

b) Durchschnittliche Auszahlung pro Spiel:
$\frac{1}{36} \cdot 5 + \frac{1}{18} \cdot 2 = \frac{9}{36} = 0,25 < 0,5$ $\Rightarrow$
Man verliert durchschnittlich 0,25 Euro
pro Spiel, so dass sich das Spiel für den
Spieler nicht lohnt.

3. a) $P(\text{"unterschiedlich"}) = 6 \cdot \frac{1}{6} \cdot \frac{2}{6} \cdot \frac{3}{6} = \frac{1}{6}$

b) $P(\text{"Summe} > 6\text{"}) = \frac{9+12+18+12+9+12+18+9+18+27}{216} = \frac{144}{216} \approx 66,7\%$

c) $P(\text{"Summe} < 6\text{"}) = \frac{1+2+2+2+2}{1296} = \frac{9}{1296} \approx 0,7\%$

200

4. $P("Treffer") = 1 - P("kein Treffer") = 1 - (1-p)^2 = 0,25 \Rightarrow (1-p)^2 = 0,75$

$\Rightarrow \quad p = 1 - \sqrt{0,75} \approx 13,4\% \quad \Rightarrow \quad$ mindestens $13,4\%$

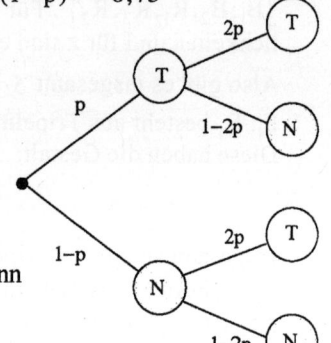

5. $P("Hase \ddot{u}berlebt") = (1-p)(1-2p)$

$$= 2p^2 - 3p + 1 = 0,5$$

$$p^2 - \tfrac{3}{2}p + \tfrac{1}{4} = 0$$

$$p \approx 0,191 \quad (bzw.\ p \approx 1,31 > 1)$$

Der Hase überlebt mit mindestens 50 % Wahrscheinlichkeit, wenn die Trefferwahrscheinlichkeit von Peter unter ca. 0,191 liegt.

201

6. a) $P(RR) = \tfrac{2}{5} \cdot \tfrac{2}{5} = \tfrac{4}{25} = 0,16 = 16\%$

    b) $\tfrac{4}{25} \cdot 5 + \tfrac{3 \cdot 3}{5 \cdot 5} \cdot 2 = 1,52$ durchschnittliche Auszahlung pro Spiel
       Bei einem Einsatz von 1,52 Euro ist das Spiel fair.

    c) $P("mindestens\ einmal\ Rot") = 1 - P("kein\ Rot") = 1 - 0,6^n$

$$1 - 0,6^n \geq 0,95, \quad 0,6^n \leq 0,05, \quad n\log 0,6 \leq \log 0,05, n \geq \tfrac{\log 0,05}{\log 0,6} \approx 5,86 \quad \Rightarrow \quad n \geq 6$$

Das Rad muss mindestens sechsmal gedreht werden.

7. a) $P("3\ verschiedenfarbige") = 6 \cdot \tfrac{3 \cdot 4 \cdot 1}{8 \cdot 8 \cdot 8} \approx 0,14 = 14\%$ (mit Zurücklegen)

    b) $P("3\ verschiedenfarbige") = 6 \cdot \tfrac{1 \cdot 4 \cdot 3}{8 \cdot 7 \cdot 6} \approx 0,214\% = 21,4\%$ (ohne Zurücklegen)

    c) $P("blau \geq 1") = 1 - P("kein\ blau") = 1 - (\tfrac{5}{8})^n$

$$1 - (\tfrac{5}{8})^n \geq 0,8, \quad (\tfrac{5}{8})^n \leq 0,2, \quad n \geq \tfrac{\log 0,2}{\log 0,625} \approx 3,42, \quad n \geq 4$$

Man muss mindestens viermal ziehen.

202

8. a) $P(gr, gr, gr) = \tfrac{3}{12} \cdot \tfrac{2}{11} \cdot \tfrac{1}{10} = \tfrac{6}{1320} = \tfrac{1}{220} \approx 0,0045$

    b) $P(3\ gleichf.) = P(ge, ge, ge) + P(bl, bl, bl) + P(gr, gr, gr)$

$$= \tfrac{4}{12} \cdot \tfrac{3}{11} \cdot \tfrac{2}{10} + \tfrac{5}{12} \cdot \tfrac{4}{11} \cdot \tfrac{3}{10} + \tfrac{3}{12} \cdot \tfrac{2}{11} \cdot \tfrac{1}{10} = \tfrac{24}{1320} + \tfrac{60}{1320} + \tfrac{6}{1320} = \tfrac{9}{132} = \tfrac{3}{44} \approx 0,0682$$

    c)

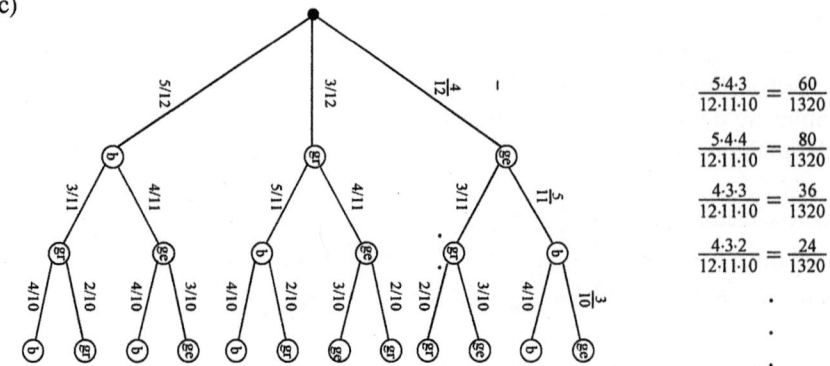

$$\tfrac{5 \cdot 4 \cdot 3}{12 \cdot 11 \cdot 10} = \tfrac{60}{1320}$$

$$\tfrac{5 \cdot 4 \cdot 4}{12 \cdot 11 \cdot 10} = \tfrac{80}{1320}$$

$$\tfrac{4 \cdot 3 \cdot 3}{12 \cdot 11 \cdot 10} = \tfrac{36}{1320}$$

$$\tfrac{4 \cdot 3 \cdot 2}{12 \cdot 11 \cdot 10} = \tfrac{24}{1320}$$

8. c) $P(\text{genau 2 Farben}) = P(\text{ge,ge,bl}) + P(\text{bl,bl,ge}) + P(\text{gr,gr,ge}) + P(\text{ge,ge,gr})$

$+ P(\text{bl,bl,gr}) + P(\text{gr,gr,bl})$

$= \frac{4\cdot3\cdot5}{12\cdot11\cdot10}\cdot3 + \frac{5\cdot4\cdot4}{12\cdot11\cdot10}\cdot3 + \frac{3\cdot2\cdot4}{12\cdot11\cdot10}\cdot3 + \frac{4\cdot3\cdot3}{12\cdot11\cdot10}\cdot3 + \frac{5\cdot4\cdot3}{12\cdot11\cdot10}\cdot3 + \frac{3\cdot2\cdot5}{12\cdot11\cdot10}\cdot3$

$= \frac{870}{1320} \approx 0{,}659$

9. $P(\text{min. 1 defekt}) = \frac{2}{5}\cdot\frac{1}{4} + \frac{2}{5}\cdot\frac{3}{4} + \frac{3}{5}\cdot\frac{2}{4} = \frac{14}{20} = 0{,}7$

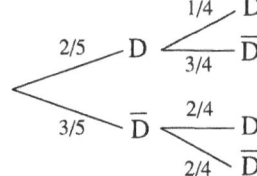

10. a) $P(\text{2 Kons.}) = \frac{3}{6}\cdot\frac{2}{5} = \frac{6}{30} = \frac{1}{5}$

  b) $P(\text{2 gl. Buchst.}) = \frac{3}{6}\cdot\frac{2}{5} + \frac{2}{6}\cdot\frac{1}{5} = \frac{8}{30} = \frac{4}{15}$

11. a) $P(\text{2 r}) = \frac{1}{3}\cdot\frac{1}{3} = \frac{1}{9}$

  b) $P(\text{min. 1 r}) = \frac{1}{9} + \frac{2}{9} + \frac{2}{9} = \frac{5}{9}$

12. Wenn man wirft, bis zweimal
    hintereinander Kopf kommt und
    man nach vier Würfen fertig sein
    soll, muss beim 2. Wurf Zahl und
    im 3. und 4. Wurf Kopf kommen.

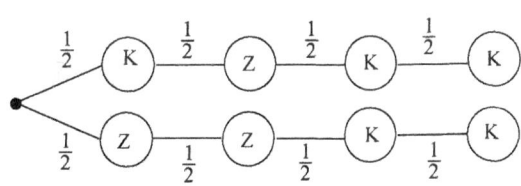

$P(\text{2-mal hintereinander Kopf bei exakt 4 Würfen}) = \frac{1}{16} + \frac{1}{16} = \frac{1}{8}$

13. a) $P(\text{"OTTO"}) = \frac{4}{7}\cdot\frac{3}{7}\cdot\frac{3}{7}\cdot\frac{4}{7} = \frac{144}{2401} \approx 0{,}05998 \approx 6\%$

  b) Man muss zweimal ein O und zweimal ein T ziehen.
      Für die Reihenfolge gibt es 6 Möglichkeiten:
      OTTO, OOTT, TOOT, OTOT, TOTO, TTOO

      $P(\{O,T,T,O\}) = 6\cdot\frac{144}{2401} \approx 0{,}36 = 36\%$

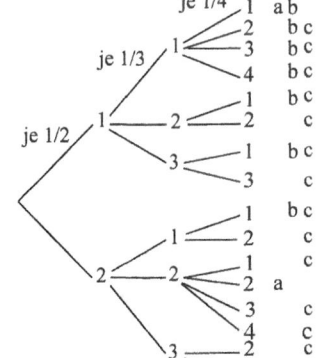

14. a) $P(\text{alle gleich}) = P(1,1,1) + P(2,2,2) = 2\cdot\frac{1}{2}\cdot\frac{1}{3}\cdot\frac{1}{4} = \frac{1}{12}$

  b) $P(\text{min. 2 – mal 1}) = 7\cdot\frac{1}{2}\cdot\frac{1}{3}\cdot\frac{1}{4} = \frac{7}{24}$

  c) $P(\text{genau 2 gleiche}) = 14\cdot\frac{1}{2}\cdot\frac{1}{3}\cdot\frac{1}{4} = \frac{7}{12}$

15. a) P("schöner Mittwoch")
    = 0,64 + 0,05 = 0,69 = 69 %

b) P("Freitag regnet es")
    = 0,128 + 0,12 + 0,01 + 0,1125
    = 0,3705 = 37,05 %

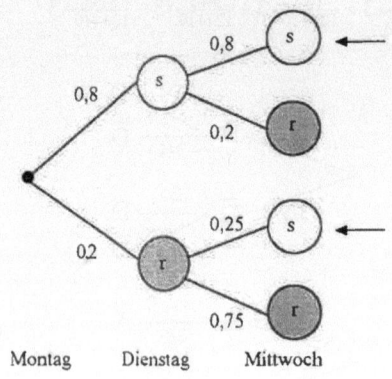

Montag   Dienstag   Mittwoch

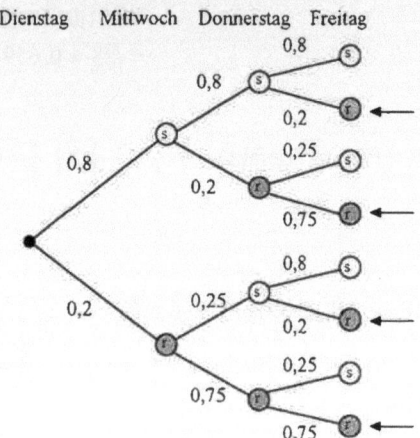

Dienstag   Mittwoch   Donnerstag   Freitag

16. Die Gewinnchancen sind für alle Teilnehmer gleich.

17. a) $P(w, b) = 2 \cdot \frac{8}{20} \cdot \frac{2}{19} = \frac{8}{95} \approx 0,084$ b) $P(2 \text{ gleiche}) = \frac{4 \cdot 3 + 8 \cdot 7 + 2 \cdot 1 + 6 \cdot 5}{20 \cdot 19} = \frac{100}{380} = \frac{5}{19} \approx 0,2632$

   c) $P(\text{keine rot}) = \frac{16 \cdot 15}{20 \cdot 19} = \frac{240}{380} \approx 0,6316$

18. a) $P(\text{"7€ Gewinn"}) = \frac{1}{5} \cdot \frac{1}{5} \cdot \frac{3}{5} = \frac{3}{125} = 0,024 = 2,4\%$

      $P(\text{"2€ Gewinn"}) = \frac{2}{5} \cdot \frac{1}{5} = \frac{2}{25} = 0,08 = 8\%$

   b)   Bei 125 Spielen erhält man im Mittel

      3-mal 7 Euro und 10-mal 2 Euro also insgesamt

      41 Euro bei einem Einsatz von 62,5 Euro.

      Verlust: 21,5 Euro bzw. 0,328 Euro pro Spiel.

      Bzw.: Wegen $7 \cdot 0,024 + 2 \cdot 0,08 = 0,328 < 0,5$ lohnt sich das Spiel nicht.

19. a) $P(\text{überlebt}) = 0,95 \cdot 0,95 \cdot 0,9 \cdot 0,9 \cdot 0,8 = 0,58482 \approx 58,5\%$

   b)   P(mindestens 2-mal) = 1−P(höchstens 1-mal)

      $= 1-(\text{P(kein Treffer)} + \text{P(nur } J_1 \text{ trifft)} + \text{P(nur } J_2 \text{ trifft)} + \text{P(nur } J_3 \text{ trifft)} + \text{P(nur } J_4 \text{ trifft)} + \text{P(nur } J_5 \text{ trifft)}$

      $= 1-(0,95 \cdot 0,95 \cdot 0,9 \cdot 0,9 \cdot 0,8 + 0,05 \cdot 0,95 \cdot 0,9 \cdot 0,9 \cdot 0,8 + 0,95 \cdot 0,05 \cdot 0,9 \cdot 0,9 \cdot 0,8$

       $+ 0,95 \cdot 0,95 \cdot 0,1 \cdot 0,9 \cdot 0,8 + 0,95 \cdot 0,95 \cdot 0,9 \cdot 0,1 \cdot 0,8 + 0,95 \cdot 0,95 \cdot 0,9 \cdot 0,9 \cdot 0,2)$

      $= 0,077455$

203

20.

kleiner Würfel mit x roten Flächen, x =	0	1	2	3
Würfelanzahl	8	24	24	8

$P(\bar{r}) = \frac{8}{64} + \frac{1}{6} \cdot \frac{24}{64} = \frac{12}{64} = \frac{3}{16} = 0,1875 = 18,75\%$

204

21.a) $\Omega = \{(1\,|\,1),(1\,|\,7),(1\,|\,9),(7\,|\,1),(7\,|\,7),(7\,|\,9),(9\,|\,1),(9\,|\,7),(9\,|\,9)\}$

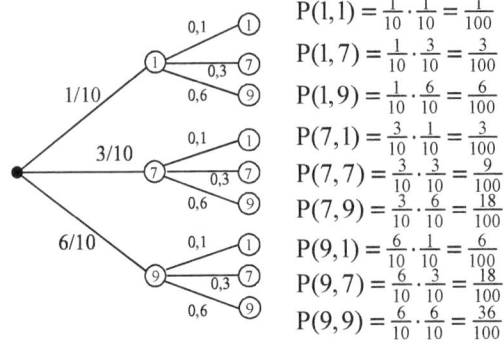

$P(1,1) = \frac{1}{10} \cdot \frac{1}{10} = \frac{1}{100}$

$P(1,7) = \frac{1}{10} \cdot \frac{3}{10} = \frac{3}{100}$

$P(1,9) = \frac{1}{10} \cdot \frac{6}{10} = \frac{6}{100}$

$P(7,1) = \frac{3}{10} \cdot \frac{1}{10} = \frac{3}{100}$

$P(7,7) = \frac{3}{10} \cdot \frac{3}{10} = \frac{9}{100}$

$P(7,9) = \frac{3}{10} \cdot \frac{6}{10} = \frac{18}{100}$

$P(9,1) = \frac{6}{10} \cdot \frac{1}{10} = \frac{6}{100}$

$P(9,7) = \frac{6}{10} \cdot \frac{3}{10} = \frac{18}{100}$

$P(9,9) = \frac{6}{10} \cdot \frac{6}{10} = \frac{36}{100}$

b) $A = \{(1\,|\,7),(1\,|\,9),(7\,|\,1),(7\,|\,7),(7\,|\,9),(9\,|\,7),(9\,|\,1),(9\,|\,9)\} = \Omega \setminus \{(1\,|\,1)\}$

$P(A) = 1 - \frac{1}{100} = \frac{99}{100} = 0,99$

$B = \{(1\,|\,7),(7\,|\,1),(7\,|\,9),(9\,|\,7)\}$, $P(B) = \frac{3}{100} + \frac{3}{100} + \frac{18}{100} + \frac{18}{100} + = \frac{42}{100} = 0,42$

$C = \{(1\,|\,1),(1\,|\,7),(7\,|\,1),(7\,|\,7)\}$, $P(C) = \frac{1}{100} + \frac{3}{100} + \frac{3}{100} + \frac{9}{100} + = \frac{16}{100} = 0,16$

$D = \{(1\,|\,7),(7\,|\,1)\}$, $P(D) = \frac{3}{100} + \frac{3}{100} = \frac{6}{100} = 0,06$

c) P(keine 7) = 0,7

P(keine 7 bei n Drehungen) = $0,7^n$

P(mindestens eine 7 bei n Drehungen)

$$= 1 - 0,7^n \geq 0,95 \Leftrightarrow 0,05 \geq 0,7^n \Leftrightarrow 8,4 \approx \frac{\log 0,05}{\log 0,7} \leq n$$

Das Rad muss mindestens 9mal gedreht werden.

22. a) $A = \{(6\,|\,6\,|\,1),(6\,|\,6\,|\,2),(6\,|\,1\,|\,6),(6\,|\,2\,|\,6),(1\,|\,6\,|\,6),(2\,|\,6\,|\,6)\}$

$P(A) = \frac{2}{6} \cdot \frac{2}{6} \cdot \frac{1}{6} \cdot 3 + \frac{2}{6} \cdot \frac{2}{6} \cdot \frac{3}{6} \cdot 3 = \frac{12}{216} + \frac{36}{216} = \frac{48}{216} = \frac{2}{9} \approx 0,2222$

$B = \{(\bar{6}\,|\,\bar{6}\,|\,6),(\bar{6}\,|\,6\,|\,\bar{6}),(6\,|\,\bar{6}\,|\,\bar{6}),(\bar{6}\,|\,\bar{6}\,|\,\bar{6})\}$

$P(B) = \frac{4}{6} \cdot \frac{4}{6} \cdot \frac{2}{6} \cdot 3 + \frac{4}{6} \cdot \frac{4}{6} \cdot \frac{4}{6} = \frac{96}{216} + \frac{64}{216} = \frac{160}{216} = \frac{20}{27} \approx 0,7407$

$C = \Omega - \{(\bar{6}\,|\,\bar{6}\,|\,\bar{6})\}$, $P(C) = 1 - \frac{4}{6} \cdot \frac{4}{6} \cdot \frac{4}{6} = 1 - \frac{64}{216} = \frac{152}{216} = \frac{19}{27} \approx 0,7037$

$P(D) = 1 - P(A) = \frac{7}{9} \approx 0,7778$

$P(E) = P(\text{genau einmal } 6) = \frac{4}{6} \cdot \frac{4}{6} \cdot \frac{2}{6} \cdot 3 = \frac{96}{216} = \frac{4}{9} \approx 0,4444$

$F = \Omega - \{(6\,|\,6\,|\,6)\}$, $P(F) = 1 - \frac{2}{6} \cdot \frac{2}{6} \cdot \frac{2}{6} = \frac{208}{216} = \frac{26}{27} \approx 0,963$

204

22. b) $P(\text{Moritz gewinnt}) = \frac{10}{36}$

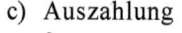

Bei 36 Spielen wird Moritz im Durchschnitt
10-mal gewinnen und 30 Euro Auszahlung
erhalten.
Dem steht der Einsatz von 36 Euro entgegen.
Moritz macht also 6 Euro Verlust bei 36 Spielen,
das macht einen durchschnittlichen Verlust von 0,17 Euro pro Spiel.
Das Spiel ist ungünstig für Moritz.

c) Auszahlung   bei

3a $(2|2|2)$

2a $(2|2|\overline{2}),(\overline{2}|2|2),(2|\overline{2}|2)$

a $(2|\overline{2}|\overline{2}),(\overline{2}|2|\overline{2}),(\overline{2}|\overline{2}|2)$

Jedes Ereignis tritt mit der Wahrscheinlichkeit $1/8$ auf, also 27-mal bei 216 Spielen.
Auszahlung: $27\cdot 3a + 3\cdot 27\cdot 2a + 3\cdot 27\cdot a = 324a$
Einsatz: $6\cdot 216\,€ = 1296\,€$

Das Spiel ist fair, wenn $324a = 1296\,€ \iff a = 4€$ ist.

23. a) $A = \{(1|2|2),(2|1|2),(2|2|1),(2|2|2)\}, \quad P(A) = \frac{2}{3}\cdot\frac{1}{3}\cdot\frac{1}{3}\cdot 3 + \frac{1}{3}\cdot\frac{1}{3}\cdot\frac{1}{3} = \frac{7}{27} \approx 0,2593$

$B = \{(1|1|2),(1|2|1),(2|1|1)\}, \quad P(B) = \frac{2}{3}\cdot\frac{2}{3}\cdot\frac{1}{3}\cdot 3 = \frac{12}{27} \approx 0,4444$

b) $P(A \text{ gewinnt}) = \frac{2}{3}\cdot\frac{2}{3} + \frac{1}{3}\cdot\frac{1}{3} = \frac{5}{9} \approx 0,5556, \quad P(B \text{ gewinnt}) = \frac{4}{9} \approx 0,4444$

Bei 9 Spielen wird Spieler A durchschnittlich 5-mal gewinnen und damit 10 Euro von
Spieler B erhalten.
Spieler B wird bei 9 Spielen durchschnittlich 4-mal gewinnen und dadurch $4\cdot 3€ = 12€$
von Spieler A erhalten.
Spieler B ist im Vorteil.

205

24. a) A: $P(A) = \frac{2}{20}\cdot\frac{10}{19}\cdot\frac{8}{18} = \frac{4}{171} \approx 0,0234$

```
2/20        10/19      8/18
———————— R ———————— B ———————— G
```

B: $B = \{(R|B|G),(R|G|B),(B|R|G),(B|R|G),(G|R|B),(G|B|R)\}$

$P(B) = 6\cdot\frac{2}{20}\cdot\frac{10}{19}\cdot\frac{8}{18} = \frac{24}{171} \approx 0,1404$

C: $P(C) = \frac{10\cdot 9\cdot 8}{20\cdot 19\cdot 18} + \frac{8\cdot 7\cdot 6}{20\cdot 19\cdot 18} \approx 0,1544$

```
          10/20    B —9/19— B —8/18— B
          ⟨
          8/20     G —7/19— G —6/18— G
```

D: $D = \{(B|B|\overline{B}),(B|\overline{B}|B),(\overline{B}|B|B),(B|B|B)\}$

$P(D) = \frac{10}{20}\cdot\frac{9}{19}\cdot\frac{10}{18}\cdot 3 + \frac{10}{20}\cdot\frac{9}{19}\cdot\frac{8}{18} = 0,5$

24. b) $E = \{(B|B|B|\bar{B}),(B|B|\bar{B}|B),(B|\bar{B}|B|B),(\bar{B}|B|B|B)\}$

$P(E) = (\frac{10}{20})^3 \cdot \frac{10}{20} \cdot 4 = 0,25$

c) $P(\text{keine rote Kugel}) = \frac{18}{20}$

$P(\text{keine rote Kugel bei n Ziehungen}) = (\frac{18}{20})^n$

$P(\text{min. eine rote Kugel bei n Ziehungen}) = 1 - (\frac{18}{20})^n \geq 0,9$

$\Leftrightarrow 0,1 \geq (\frac{18}{20})^n \Leftrightarrow n \geq \frac{\log 0,1}{\log 0,9} \approx 21,9$

Es müssen mindestens 22 Kugeln gezogen werden.

d) $P(\text{Gewinn}) = \frac{1}{2} \cdot \frac{2}{20} + \frac{1}{2} \cdot \frac{4}{20} = \frac{6}{40} = \frac{3}{20} = 0,15$

Von 20 Spielen werden durchschnittlich 3 gewonnen, wobei 60 Euro ausgezahlt werden.
Das Spiel ist fair, wenn gleichzeitig 60 Euro Einsatz anfallen, also 3 Euro pro Spiel.

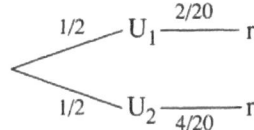

25. a) $A = \{(1|1),(2|2),(3|3)\}$, $P(A) = \frac{3}{8} \cdot \frac{2}{4} + \frac{3}{8} \cdot \frac{1}{4} + \frac{2}{8} \cdot \frac{1}{4} = \frac{11}{32} \approx 0,34375$

$B = \{(3|\bar{3}),(\bar{3}|3),(3|3)\}$, $P(B) = \frac{2}{8} \cdot \frac{3}{4} + \frac{6}{8} \cdot \frac{1}{4} + \frac{2}{8} \cdot \frac{1}{4} = \frac{14}{32} \approx 0,4375$

$C = \{(1|3),(3|1),(2|2)\}$, $P(C) = \frac{3}{8} \cdot \frac{1}{4} + \frac{2}{8} \cdot \frac{2}{4} + \frac{3}{8} \cdot \frac{1}{4} = \frac{10}{32} \approx 0,3125$

$D = A \cap B = \{(3|3)\}$, $P(D) = \frac{2}{32} = 0,0625$

b)
Ereignis	Häufigkeit bei 32 Spielen	Auszahlung (Euro)	
(1|1)	6	18	
(2|2)	3	15	
(3|3)	2	20	53 Euro

Bei 32 Spielen sind 64 Euro Einsatz zu zahlen, denen durchschnittlich 53 Euro Auszahlung gegenüberstehen.

Der durchschnittliche Verlust pro Spiel beträgt $\frac{11}{32}€ \approx 0,34\,€$.

c) Vermutung ist richtig: $P(3-\text{mal 3 bei 4 Würfen}) = \frac{1}{4} \cdot \frac{3}{4} \cdot \frac{3}{4} \cdot \frac{3}{4} \cdot 4 = \frac{27}{64} \approx 0,4219$

Vermutung ist falsch: $P(3-\text{mal 3 bei 4 Würfen}) = \frac{1}{4} \cdot \frac{1}{4} \cdot \frac{1}{4} \cdot \frac{3}{4} \cdot 4 = \frac{3}{64} \approx 0,0469$

Die Vermutung von Max hat eine ca. 9-mal größere Wahrscheinlichkeit.

3. Kombinatorische Abzählverfahren

207 1. Es gibt 26 Buchstaben und 10 Ziffern. Daher sind $26^3 \cdot 10^2 = 1757600$ Autokennzeichen möglich.

208 2. Anzahl der 5-stelligen Zahlencodes: $10^5 = 100000$
    Anzahl der 5-stelligen Zahlencodes mit verschiedenen Ziffern: $10 \cdot 9 \cdot 8 \cdot 7 \cdot 6 = 30240$
    Anzahl der 5-stelligen Zahlencodes mit gleichen Ziffern: 10

210 3. a) $\binom{5}{3} = 10$, $\binom{7}{6} = 7$, $\binom{4}{4} = 1$, $\binom{5}{0} = 1$, $\binom{8}{3} = 56$, $\binom{9}{2} = 36$, $\binom{22}{11} = 705432$

$\binom{100}{20} \approx 5,359833703 \cdot 10^{20}$

b) $\binom{12}{5} = 792$ c) $\binom{9}{5} + \binom{9}{6} + \binom{9}{7} + \binom{9}{8} + \binom{9}{9} = 126 + 84 + 36 + 9 + 1 = 256$

d) $2^{10} = 1024$ (mit der leeren Menge)

4. a) Da 2 Mannschaften das Endspiel bestreiten, gibt es $\binom{8}{2} = 28$ mögliche Kombinationen.

b) $\binom{5000}{2} = 12497500$ c) $\binom{25}{3} = 2300$

5. a) Es gibt $\binom{32}{4} = 35960$ Möglichkeiten, 4 Karten auszuwählen. Da nur eine dieser Mög-
    lichkeiten 4 Asse liefert, gilt: $P(\text{"4 Asse"}) = \frac{1}{35960} \approx 0,000028$.

b) Da es genau eine 5-Auswahl ohne Konsonanten gibt (da 5 Vokale), gilt:

$P(\text{"kein Konsonant"}) = P(\text{"nur Vokale"}) = \frac{1}{\binom{26}{5}} = \frac{1}{65780} \approx 0,000015$.

211 6. a) $P(3R) = \dfrac{\binom{6}{3} \cdot \binom{43}{3}}{\binom{49}{6}} = \dfrac{20 \cdot 12341}{13983816} \approx 0,0177$

b) $P(\text{min. }5R) = P(5R) + P(6R) = \dfrac{\binom{6}{5} \cdot \binom{43}{1}}{13983816} + \dfrac{\binom{6}{6} \cdot \binom{43}{0}}{13983816} = \dfrac{258}{13983816} + \dfrac{1}{13983816} \approx 0,000019$

7. a) $P(\text{genau 2def. Lampen}) = \dfrac{\binom{6}{3} \cdot \binom{4}{2}}{\binom{10}{5}} = \dfrac{120}{252} \approx 0,4762$

b) $P(\text{min. 2def. Lampen}) = \dfrac{\binom{6}{3}\binom{4}{2} + \binom{6}{2}\binom{4}{3} + \binom{6}{1}\binom{4}{4}}{\binom{10}{5}} = \dfrac{186}{252} \approx 0,7381$

c) $P(\text{höch.. 2def. Lampen}) = \dfrac{\binom{6}{5}\binom{4}{0} + \binom{6}{4}\binom{4}{1} + \binom{6}{3}\binom{4}{2}}{\binom{10}{5}} = \dfrac{186}{252} \approx 0,7381$

8. Es gibt $2^8 = 256$ Beleuchtungsmöglichkeiten.

212

9. a) Es gibt $10^3 = 1000$ Zahlenkombinationen.
    b) Es gibt 500 Kombinationen mit höchstens einer ungeraden Ziffer.

10. $26^2 \cdot 10^3 \cdot 11 = 7436000$ Möglichkeiten

11. a) $12! = 479001600$ Möglichkeiten
    b) Es gibt 4! Möglichkeiten die Kriminalromane anzuordnen.
        Ebenso gibt es 5! Möglichkeiten der Anordnung der Abenteuerbücher
        und 3! Möglichkeiten der Anordnung der Mathematikbücher.
        Dann gibt es 3! Möglichkeiten der Anordnung der Themen.
        Insgesamt: $4! \cdot 5! \cdot 3! \cdot 3! = 103680$ Anordnungen.

12. P("Fuzzi kommt durch") $= \frac{6}{7} \cdot \frac{4}{5} \cdot \frac{2}{3} = \frac{48}{105} \approx 45{,}71\%$

13. Möglichkeiten der Anordnung der Buchstaben: $26! \approx 4{,}03 \cdot 10^{26}$

    Zeit bei 10^9 Anordnungen pro Sekunde $\approx 4{,}03 \cdot 10^{17}\,\text{s} \approx 1{,}28 \cdot 10^{10}$ Jahre

14. $11! = 39916800$ Möglichkeiten

15. Mögliche Endspielpaarungen: $\binom{12}{2} = 66$

    Mögliche Halbfinalpaarungen: $\frac{1}{2} \binom{12}{2} \cdot \binom{10}{2} = 33 \cdot 45 = 1485$

16. $\binom{8}{4} \cdot \binom{4}{4} = 70$ Möglichkeiten

17. a) $\binom{16}{3} \cdot \binom{8}{2} = 560 \cdot 28 = 15680$ Möglichkeiten
    b) $\binom{16}{4} \cdot \binom{8}{1} + \binom{16}{3} \cdot \binom{8}{2} + \binom{16}{2} \cdot \binom{8}{3} + \binom{16}{1} \cdot \binom{8}{4} + \binom{16}{0} \cdot \binom{8}{5} = \binom{24}{5} - \binom{16}{5} = 38136$ Möglk.

18. a) $\binom{11}{5} = 462$ Möglichkeiten
    b) $11 \cdot 10 \cdot 9 \cdot 8 \cdot 7 = 55440$ Möglichkeiten

19. a) $\binom{32}{4} = 35960$ Möglichkeiten

213

    b) $\binom{28}{2} \cdot \binom{4}{2} = 378 \cdot 6 = 2268$ Möglichkeiten

20. P("3r") $= \dfrac{\binom{5}{3}\binom{15}{5}}{\binom{20}{8}} \approx 23{,}84\%$

    P("min d. 4r") $= P("4r") + P("5r") \approx 0{,}0542 + 0{,}0036 = 5{,}78\%$

213

21. $P("2d") = \dfrac{\binom{10}{2}\binom{90}{3}}{\binom{100}{5}} \approx 0,0702 = 7,02\%$

$P("\min d. 3d") = P("3d") + P("4d") + P("5d")$

$\approx 0,0063835 + 0,0002510 + 0,0000033 \approx 0,0066$

22. $P("\text{genau 1 defekt}") = \dfrac{\binom{10}{1}\binom{70}{4}}{\binom{80}{5}} \approx 0,3814$

$P("\text{genau 3 defekt}") = \dfrac{\binom{10}{3}\binom{70}{2}}{\binom{80}{5}} \approx 0,0121$

$P("\text{höchstens 4 defekt}") = 1 - P("\text{alle defekt}") = 1 - \dfrac{\binom{10}{5}\binom{70}{0}}{\binom{80}{5}} \approx 0,9999895$

$P("\text{mindestens 1 defekt}") = 1 - P("\text{keine defekt}") = 1 - \dfrac{\binom{10}{0}\binom{70}{5}}{\binom{80}{5}} \approx 0,4965$

23. $P("3R") \approx 0,0264,\quad P("4R") \approx 0,000549$

$G \approx 1€ - 0,0264 \cdot 10€ - 0,000549 \cdot 1000€ = 0,187€$

Durchschnittlicher Gewinn pro Spiel: 0,187 DM

24. $P("\text{alle Kugeln verschiedenfarbig}") = \dfrac{\binom{5}{1}\binom{3}{1}\binom{6}{1}}{\binom{14}{3}} = \dfrac{90}{364} \approx 24,7\%$

$P("\text{alle Kugeln rot}") = \dfrac{\binom{5}{3}\binom{3}{0}\binom{6}{0}}{\binom{14}{3}} = \dfrac{10}{364} \approx 2,7\%$

$P("\text{alle Kugeln gleichfarbig}") = \dfrac{10}{364} + \dfrac{1}{364} + \dfrac{20}{364} = \dfrac{31}{364} \approx 8,5\%$

25. a) $P(2R) = \dfrac{\binom{10}{2}\cdot\binom{40}{3}}{\binom{50}{5}} = \dfrac{45 \cdot 9880}{2118760} \approx 0,2098$

b) $P(\geq 3W) = \dfrac{\binom{10}{2}\binom{40}{3} + \binom{10}{1}\binom{40}{4} + \binom{10}{0}\binom{40}{5}}{\binom{50}{5}} = \dfrac{2016508}{2118760} \approx 0,9517$

26. $P(\geq 2G) = \dfrac{\binom{4}{2}\binom{6}{1} + \binom{4}{3}\binom{6}{0}}{\binom{10}{3}} = \dfrac{6 \cdot 6 + 4}{120} = \dfrac{1}{3}$

27. a) $P("1HG, 4N") = \dfrac{\binom{2}{1}\binom{70}{4}}{\binom{100}{5}} \approx 0,0244$, $\quad P("kein G") = \dfrac{\binom{70}{5}}{\binom{100}{5}} \approx 0,1608$

213

b) $P("2EG, 3T, 5N") = \dfrac{\binom{8}{2}\binom{20}{3}\binom{70}{5}}{\binom{100}{10}} \approx 0,0223$

$P("1HG, 2EG, 7N") = \dfrac{\binom{2}{1}\binom{8}{2}\binom{70}{7}}{\binom{100}{10}} \approx 0,0039$

Test

1. a) $E = \{(5;6;6),(6;5;6),(6;6;5),(6;6;6)\}$

216

b) $P(\text{nicht gewonnen}) = 1 - P(\text{gewonnen}) = 1 - \dfrac{4}{6^3} = \dfrac{53}{54} \approx 98,15\%$

2. a) $P(5) = \dfrac{1}{2}\cdot\dfrac{1}{3} + \dfrac{1}{2}\cdot\dfrac{1}{4} = \dfrac{7}{24} \approx 29,17\%$

b) $P(3) = \dfrac{1}{2}\cdot\dfrac{1}{6} + \dfrac{1}{2}\cdot\dfrac{1}{4} = \dfrac{5}{24} \approx 20,83\%$

$P(0) = \dfrac{1}{2}\cdot\dfrac{1}{2}\cdot 2 = \dfrac{1}{2} = 50\%$

Auszahlung: $3\cdot 0,2083 + 5\cdot 0,2917 \approx 2,083$ bei 2 Euro Einsatz

Es wird ein durchschnittlicher Gewinn von ca. 8 Cent erwartet.

c) $P(\text{mindestens einmal 5 bei n Spielen}) = 1 - P(\text{keine 5 bei n Spielen})$

$$= 1 - (\tfrac{17}{24})^n > 0,99$$

$$0,01 > (\tfrac{17}{24})^n, \quad n > \dfrac{\ln 0,01}{\ln\frac{17}{24}} \approx 13,3...$$

Man müsste mindestens 14–mal spielen.

3. a) $N = \binom{15}{11} = \dfrac{15!}{11!\,4!} = 1365$ Möglichkeiten für eine 11–er Auswahl aus 15 Schülern.

b) $N = \binom{2}{1}\cdot\binom{5}{3}\cdot\binom{8}{7} = 160$ Möglichkeiten

c) Es gibt noch 9! = 362880 Möglichkeiten

4. a) Es sind $\binom{9}{3} = 84$ Verteilungen möglich.

b) $P(100) = \dfrac{6}{9}\cdot\dfrac{3}{8} + \dfrac{3}{9}\cdot\dfrac{6}{8} = \dfrac{1}{2} = 50\%$, $\quad P(200) = \dfrac{3}{9}\cdot\dfrac{2}{8} = \dfrac{1}{12} \approx 8,33\%$

c) $P(\text{Gewinn}) = 1 - P(\text{kein Gewinn}) > 0,8$, d.h. $P(\text{kein Gewinn}) < 0,2$

1 Karte ziehen: $P(\text{kein Gewinn}) = \dfrac{6}{9} \approx 0,67$

$\vdots$

3 Karten ziehen: $P(\text{kein Gewinn}) = \dfrac{6}{9}\cdot\dfrac{5}{8}\cdot\dfrac{4}{7} \approx 0,24$

4 Karten ziehen: $P(\text{kein Gewinn}) = \dfrac{6}{9}\cdot\dfrac{5}{8}\cdot\dfrac{4}{7}\cdot\dfrac{3}{6} \approx 0,12 < 0,2$ gilt bei 4 Karten.

VI. Bedingte Wahrscheinlichkeiten und Vierfeldertafel
1. Bedingte Wahrscheinlichkeiten

1. f: falscher Schlüssel , r: richtiger Schlüssel

   a) $\xrightarrow{\frac{4}{5}} f \xrightarrow{\frac{1}{4}} r$, Wahrscheinlichkeit: $\frac{1}{5}$ für "beim 2. Griff"

   b) $\xrightarrow{\frac{4}{5}} f \xrightarrow{\frac{3}{4}} f \xrightarrow{\frac{1}{3}} r$, Wahrscheinlichkeit: $\frac{1}{5}$ für "beim 3. Griff"

2. a) $P(S \cap \overline{R}) = 0{,}6 \cdot 0{,}45 = 27\%$ b) $P(\overline{S} \cap R) = 0{,}4 \cdot 0{,}7 = 0{,}28$

3. a) $P_R(R) = \frac{1}{2}$ b) $P_S(R) = \frac{5}{8}$ c) $P(RR) = \frac{5}{9} \cdot \frac{1}{2} = \frac{5}{18}$

4. T: "Berta BSC schießt das 1. Tor" , G: "Berta BSC gewinnt das Spiel"
   a) $P(\text{"Max gewinnt"}) = P(T \cap G) = 0{,}42$

        10 Spiele: Max gewinnt $4{,}2 \cdot 50\,€ = 210\,€$

              Moritz gewinnt $5{,}8 \cdot 40\,€ = 232\,€$

              Moritz hat die bessere Gewinnerwartung.

   b) $P(\text{"Max gewinnt"}) = P(\overline{T} \cap \overline{G}) = 0{,}32$

        10 Spiele: Max gewinnt $3{,}2 \cdot 30\,€ = 96\,€$

              Moritz gewinnt $6{,}8 \cdot 10\,€ = 68\,€$

              Max hat die bessere Gewinnerwartung.

5. a) B: Karte im Skat ist ein Bube

        $\overline{B}$: Karte im Skat ist kein Bube

        $P(E) = \frac{1}{11} \cdot \frac{20}{21} + \frac{10}{11} \cdot \frac{2}{21} = \frac{40}{231} \approx 17{,}3\%$

   b$_1$) $P(E) \approx 17{,}3\%$ b$_2$) $P(E) = \frac{20}{231} \approx 8{,}7\%$

6. R_i:"i-te Kugel ist rot" , S_i: "i-te Kugel ist schwarz"

   Anzahl: r rote, s schwarze Kugeln zu Beginn in der Urne

   a) $P(R_1 \cap S_2) = \frac{r}{r+s} \cdot \frac{2s}{r+2s} = \frac{2rs}{r^2 + 3rs + 2s^2}$

   $\frac{2rs}{r^2 + 3rs + 2s^2} = \frac{1}{3} \Leftrightarrow 6rs = r^2 + 3rs + 2s^2 \Leftrightarrow r^2 - 3rs + 2s^2 = 0$

   $\Leftrightarrow (r-s)(r-2s) = 0 \Leftrightarrow r = s$ oder $r = 2s$

b)
$$P(R_1 \cap R_2) = \frac{r^2}{r^2 + 3rs + 2s^2}$$

220

$$\frac{r^2}{r^2 + 3rs + 2s^2} = \frac{1}{10} \quad \Leftrightarrow \quad 10r^2 = r^2 + 3rs + 2s^2 \quad \Leftrightarrow \quad s^2 + \frac{3}{2}rs - \frac{9}{2}r^2 = 0$$

$$\Leftrightarrow \quad (\tfrac{s}{r})^2 + \tfrac{3}{2} \cdot \tfrac{s}{r} - 4,5 = 0$$

$$(\tfrac{s}{r})_{1/2} = -\tfrac{3}{4} \pm \sqrt{\tfrac{9}{16} + \tfrac{72}{16}}, \quad \tfrac{s}{r} = -\tfrac{3}{4} + \tfrac{9}{4} = \tfrac{3}{2}$$

Das Verhältnis von schwarzen zu roten Kugeln ist: $s:r = 3:2$.

7. $|\Omega| = 5! = 120$, E_i: "genau i unter den 5 Paaren werden zusammengeführt"

a) $|E_5| = 1$, $P(E_5) = \frac{1}{120}$

b) Gefragt wird nach den fixpunktfreien Permutationen einer Menge von 5 Elementen. Allgemein gilt: Die Anzahl a_n der fixpunktfreien Permutationen von n Elementen ist

gleich $a_n = n! \cdot (\frac{1}{0!} - \frac{1}{1!} + \frac{1}{2!} + ... + \frac{(-1)^n}{n!})$. Also $a_5 = |E_0| = 44$, $P(E_0) = \frac{44}{120}$.

c) $a_4 = 9$, $|E_1| = \binom{5}{1} \cdot 9 = 45$, $P(E_1) = \frac{45}{120}$, $a_3 = 2$, $|E_2| = \binom{5}{2} \cdot 2 = 20$, $P(E_2) = \frac{20}{120}$

$a_2 = 1$, $|E_3| = \binom{5}{3} \cdot 1 = 10$, $P(E_3) = \frac{10}{120}$, $a_1 = 0$, $|E_4| = \binom{5}{4} \cdot 0 = 0$, $P(E_4) = 0$

8. Die Wahrscheinlichkeit, dass die zweite Seite ebenfalls rot ist, unter der Bedingung, dass die erste Seite rot war, ist 2/3. Man sollte nicht wetten.

221

9. M_1: "Marzipan in der 1. Praline" , M_2: "Marzipan in der 2. Praline"
$$P(M_1 \cap M_2) = \tfrac{3}{15} \cdot \tfrac{2}{14} \approx 0,0286$$

10. D_1: "1. Sicherung defekt" , D_2: "2. Sicherung defekt"
$$P(\overline{D}_1 \cap \overline{D}_2) = \tfrac{40}{50} \cdot \tfrac{39}{49} \approx 0,6367$$

11. R: rote Kugel wird gezogen
S: schwarze Kugel wird gezogen

a) $P(2\text{versch.}) = \frac{3}{3n+3} > 0,25$, $3 > 0,75n + 0,75$ $\Leftrightarrow$ $3 > n$

b) $P(2\text{gleichf.}) = \frac{3n}{3n+3} > 0,9$, $3n > 2,7n + 2,7$ $\Leftrightarrow$ $n > 9$

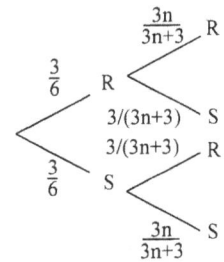

221 **Knobelaufgabe**

Die Würfel haben die Augenzahlen 1, 2, 3, 4, 6 und 10.
1. Wurf: $1 + 2 + 3 + 4 + 6 = 16$
2. Wurf: $1 + 2 + 3 + 10 = 16$
3. Wurf: $2 + 4 + 10 = 16$
4. Wurf: $6 + 10 = 16$

223 12. a) $\Omega = \left\{\begin{matrix}(1;1),...,(6;1)\\ \cdot \quad\quad \cdot\\ (1;6),...,(6;6)\end{matrix}\right\}$ $\quad, P(A) = \frac{1}{6}, P_B(A) = \frac{1}{4} \neq P(A)$

$\quad\quad\quad, P(B) = \frac{4}{36} = \frac{1}{9}$

$\quad\quad\quad$, A und B abhängig

b) $P(A) = \frac{5}{36}, \quad P_B(A) = \frac{1}{6} \neq P(A), \quad P(B) = \frac{6}{36}$

A und B sind abhängige Ereignisse.

c) $P(A) = 0,4$, $P(B) = 0,4$, $P_B(A) = 0,4$

A und B sind unabhängige Ereignisse.

d) $P(B) = 0,4$, $P(A) = \frac{4}{10}\cdot\frac{3}{9} + \frac{6}{10}\cdot\frac{4}{9} = \frac{36}{90} = 0,4$, $P_B(A) = \frac{3}{9}$ $\Rightarrow$

A und B sind abhängige Ereignisse.

13. PKW: "Anreise mit dem PKW"

Zug: "Anreise mit dem Zug"

K: "Familie hat 2 oder mehr Kinder"

$P(\text{Zug}) = \frac{276}{738} \approx 0,374$, $P_K(\text{Zug}) = \frac{121}{396} \approx 0,306$

Offensichtlich ist das Verkehrsmittel von der Kinderzahl abhängig:

Sind 2 oder mehr Kinder vorhanden, wird öfter mit dem PKW verreist.

224 14. a) $P(A) = \frac{1}{6}$, $P(B) = \frac{5}{6}$, $P_A(B) = \frac{5}{6}$: stochastisch unabhängig

b) $P(A) = \frac{1}{6}$, $P(B) = \frac{1}{2}$, $P_A(B) = \frac{1}{2}$: stochastisch unabhängig

c) $P(A) = \frac{1}{2}$, $P(B) = \frac{1}{6}$, $P_A(B) = \frac{1}{6}$: stochastisch unabhängig

15. $A = \{2,4,6\}$, $B = \{3,6\}$, $P(A) = \frac{1}{2}$, $P(B) = \frac{1}{3}$, $P_A(B) = \frac{P(A\cap B)}{P(A)} = \frac{\frac{1}{6}}{\frac{1}{2}} = \frac{1}{3}$

16. $|A| = 10$, $A = \{(1|1),...,(10|10)\}$, $|B| = 10$, $B = \{(10|1),...,(10|10)\}$

$|C| = 21$, $C = \{(1|1),...,((1|6),(2|1),...,(2|5),(3|1),(3|4),(4|1),...,(6|1)\}$

$|\Omega| = 100$, $P(A) = \frac{1}{10}$, $P(B) = \frac{1}{10}$, $P(C) = \frac{21}{100}$

$P_B(A) = \frac{1}{10} = P(A)$ $\Rightarrow$ A, B unabhängig

$P_B(C) = 0$ $\Rightarrow$ B, C abhängig

$P_C(A) = \frac{3}{21}$ $\Rightarrow$ A, C abhängig

17. $P(A) = \frac{120}{360} = \frac{1}{3}$, $P(B) = \frac{240}{360} = \frac{2}{3}$, $P_A(B) = \frac{80}{120} = \frac{2}{3}$

A und B sind unabhängige Ereignisse.

18. $P_V(S) = \frac{P(V \cap S)}{P(V)} = \frac{471}{622} \approx 0,757$, $P(S) = 0,619$: Die Ereignisse sind abhängig.

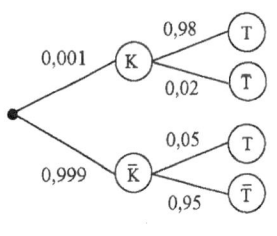

19. $P(\text{blond}) = \frac{314}{842} = 0,3729$, $P_{\text{blaue Augen}}(\text{blond}) = \frac{121}{268} = 0,4515$

$\Rightarrow$ 1. blond / blaue Augen sind abhängige Ereignisse.

$P_{\text{Mädchen}}(\text{blond}) = \frac{116}{310} = 0,3742 \Rightarrow$ 2. blond / Mädchen sind unabhängige Ereignisse.

20. K: "Person ist krank"
T: "Testergebnis positiv"
$P(T) = 0,001 \cdot 0,98 + 0,999 \cdot 0,05 = 0,05093 \approx 5,1\%$

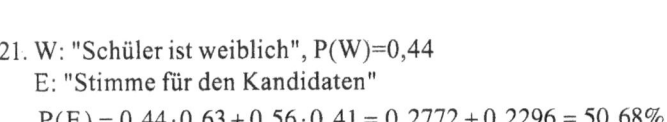

21. W: "Schüler ist weiblich", P(W)=0,44
E: "Stimme für den Kandidaten"
$P(E) = 0,44 \cdot 0,63 + 0,56 \cdot 0,41 = 0,2772 + 0,2296 = 50,68\%$

22. S: "schönes Wetter" , O: "Prognose des Optimisten richtig"
$P(O) = 0,7$

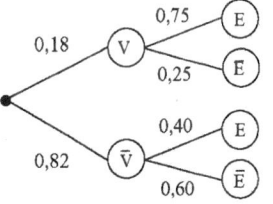

23. V: "Vielseher" , E: "Sendung gesehen"
$P(E) = 0,18 \cdot 0,75 + 0,82 \cdot 0,4 = 0,135 + 0,328 = 0,463$

24. U_i: Urne i wird gewählt
R: rote Kugel
G: grüne Kugel

$P(R) = \frac{1}{2} \cdot \frac{2}{3} + \frac{1}{2} \cdot \frac{3}{10} = \frac{29}{60}$, $P(G) = \frac{1}{2} \cdot \frac{1}{3} + \frac{1}{2} \cdot \frac{7}{10} = \frac{31}{60}$

25. Z: "Person ist zuckerkrank"
T: "Test ist positiv"

$P(T) = 0,03 \cdot 0,96 + 0,97 \cdot 0,06$
$= 0,0288 + 0,0582 = 8,7\%$

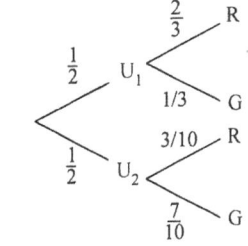

26. In Urne 1: k rote, l weiße Kugeln
In Urne 2: 5−k rote, 5−l weiße Kugeln
E: "Es wird eine rote Kugel gezogen."

$P(E) = \frac{1}{2} \cdot \frac{k}{k+l} + \frac{1}{2} \cdot \frac{5-k}{10-k-l}$ $(0 < k+l < 10)$ (falls keine Urne leer!)

P(E) ist am größten (0,722) für k = 1 , l = 0
k = 4 , l = 5

P(E) ist am kleinsten (0,25) für k = l = 0
k = l = 5

227

27. $P(A) = P(M_1) \cdot P_{M_1}(A) + P(M_2) \cdot P_{M_2}(A) + P(M_3) \cdot P_{M_3}(A)$

$= 0,2 \cdot 0,04 + 0,3 \cdot 0,03 + 0,5 \cdot 0,02 = 0,027$

28. $P(A) = P(B_1) \cdot P_{B_1}(A) + P(B_2) \cdot P_{B_2}(A) + P(B_3) \cdot P_{B_3}(A)$

29. M(O, E): "Unterrichtsfach (Mechanik, Elektrostatik)"
V: "Versuch misslingt"

$P(V) = \frac{1}{6} \cdot 0,15 + \frac{1}{3} \cdot 0,26 + \frac{1}{2} \cdot 0,85 \approx 0,5367$

30. U_i: "Urne i wird gewählt"
R: "2 rote Kugeln werden gezogen"

$P(R) = \frac{1}{3 \cdot 50 \cdot 49}(15 \cdot 14 + 25 \cdot 24 + 35 \cdot 34) = \frac{2000}{3 \cdot 50 \cdot 49} \approx 0,2721$

31. P("defektes Teil wird aussortiert") $= 0,25(0,9 + 0,85 + 0,95 + 0,5) = 0,8$

32. H: "Doc Holliday trifft"
B: "Billy The Cid trifft"
  a) E_1: "Doc Holliday siegt mit dem 2. Schuss"
       $P(E_1) = 0,1 \cdot 0,05 \cdot 0,9 = 0,0045$
  b) E_2: "Billy The Cid siegt mit dem 2. Schuss"
       $P(E_2) = 0,1 \cdot 0,05 \cdot 0,1 \cdot 0,95 = 0,000475$
  c) E_3: "Doc Holliday siegt spätestens nach
      fünf Schüssen"

$P(E_3) = 0,9 + 0,1 \cdot 0,05 \cdot 0,9 + 0,1 \cdot 0,05 \cdot 0,1 \cdot 0,05 \cdot 0,9$

$= 0,9045225$

  d) E_4: "Billy The Cid siegt"

$P(E_4) = 0,1 \cdot 0,95 + 0,1 \cdot 0,05 \cdot 0,1 \cdot 0,95 + 0,1 \cdot (0,05 \cdot 0,1)^2 \cdot 0,95 + \ldots$

$= 0,1 \cdot 0,95 \cdot [1 + 0,05 \cdot 0,1 + (0,05 \cdot 0,1)^2 + \ldots]$

$= 0,095 \cdot [1 + 0,005 + 0,005^2 + \ldots]$

$= 0,095 \cdot \frac{1}{1 - 0,005} = \frac{95}{995} = 0,0955$

33. Die Ereignisse sind wie im Beispiel definiert.

  a) Laut Beispiel:

$$P(T) = 0,020088 \Rightarrow P(\overline{T}) = 0,979912$$

Bayes: $P_{\overline{T}}(K) = \frac{P(K \cap \overline{T})}{P(\overline{T})} = \frac{P(K) \cdot P_K(\overline{T})}{P(\overline{T})} = \frac{0,0001 \cdot 0,1}{0,979912} = 0,000010204$

  b) Gegeben: $P(K) = 0,05$, $P_K(T) = 0,9$, $P_{\overline{K}}(\overline{T}) = 0,98$

Gegenwahrscheinlichkeiten: $P(\overline{K}) = 0,95$, $P_K(\overline{T}) = 0,9$, $P_{\overline{K}}(T) = 0,02$

Totale Wahrscheinlichkeit von T: $P(T) = P(K) \cdot P_K(T) + P(\overline{K}) \cdot P_{\overline{K}}(T)$

$$= 0,05 \cdot 0,9 + 0,95 \cdot 0,02 = 0,064$$

$$\Rightarrow \quad P(\overline{T}) = 0,936$$

$P_{\overline{T}}(K) = \frac{P(K) \cdot P_K(\overline{T})}{P(\overline{T})} = \frac{0,05 \cdot 0,1}{0,936} = 0,00534$

$P_T(\overline{K}) = \frac{P(\overline{K}) \cdot P_{\overline{K}}(T)}{P(T)} = \frac{0,95 \cdot 0,02}{0,046} = 0,296875$

  c) zur Bemerkung in der Fußnote: inverses Baumdiagramm

    Baumdiagramm

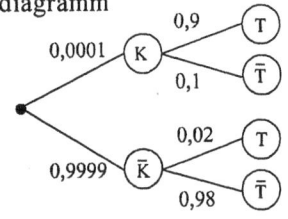 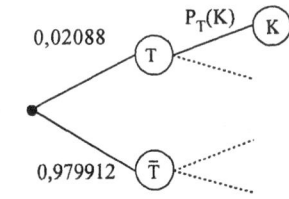

$P(T) = 0,0001 \cdot 0,9 + 0,9999 \cdot 0,02$ $P_T(K) = \frac{P(T \cap K)}{0,020088} = \frac{0,00009}{0,020088}$

$$= 0,20088 \qquad\qquad = 0,00448$$

34. Ereignisse: S: Person ist schuldig

               D: Detektortest sagt aus, dass Person schuldig ist

  a)

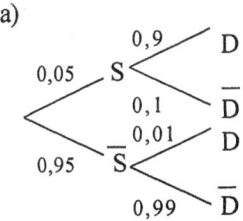 $P(D) = 0,05 \cdot 0,9 + 0,95 \cdot 0,01 = 0,0545$

                             $P_D(\overline{S}) = \frac{P(D \cap \overline{S})}{P(D)} = \frac{0,0095}{0,0545} \approx 0,1743$

  b) $P_D(\overline{S}) = \frac{P(\overline{S}) \cdot P_{\overline{S}}(D)}{P(D)} = \frac{P(\overline{S}) \cdot P_{\overline{S}}(D)}{P(S) \cdot P_S(D) + P(\overline{S}) \cdot P_{\overline{S}}(D)} = \frac{0,95 \cdot 0,01}{0,05 \cdot 0,9 + 0,95 \cdot 0,01} \approx 17,43\,\%$

35. E: "Einbruch findet statt"

  A: "Anlage gibt Alarm"

Totale Wahrscheinlichkeit für Alarm: $P(A) = 0,001 \cdot 0,99 + 0,999 \cdot 0,01 = 0,01098$

$P_A(E) = \frac{0,001 \cdot 0,99}{0,01098} \approx 0,090164 \approx 9,02\%$

36. Die Ziffer bezeichnet jeweils die Augen-
zahl des Feldes.
Es werden nur die zum Gewinn führenden
Pfade gezeichnet.

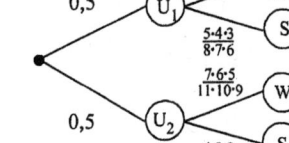

a) $P(G) = \frac{1}{6}(\frac{1}{8} + \frac{2}{8} + \frac{3}{8}) = \frac{1}{8}$

b) $P_G(6) = \dfrac{\frac{1}{6}\cdot\frac{3}{8}}{\frac{1}{8}} = \frac{1}{2}$

37. U_i: "Urne i wird gewählt"
W (S): "3 weiße (schwarze) Kugeln"
$P(S) = 0,1014$
$P(W) = 0,114989$
$P_S(U_2) = 0,1195$
$P_W(U_2) = 0,9224$

38. K: "Person ist erkrankt" , P: "Test fällt positiv aus"

a) $P_P(K) = \dfrac{P(K)\cdot P_K(P)}{P(P)} = \dfrac{\frac{1}{150}\cdot 0,97}{\frac{1}{150}\cdot 0,97 + \frac{149}{150}\cdot 0,05} \approx 0,1152 = 11,52\%$

b) $P_{\bar{P}}(\bar{K}) = \dfrac{P(\bar{P}\cap\bar{P})}{P(\bar{P})} = \dfrac{\frac{149}{150}\cdot 0,95}{\frac{149}{150}\cdot 0,95 + \frac{1}{150}\cdot 0,03} \approx 0,9998 = 99,98\%$

c) $P_P(K) = \dfrac{\frac{1}{1500}\cdot 0,97}{\frac{1}{1500}\cdot 0,97 + \frac{1499}{1500}\cdot 0,05} \approx 0,013$

39. $P_Z(E) = \dfrac{P(E\cap Z)}{P(Z)} = \dfrac{\frac{9}{10}\cdot 0,5}{\frac{9}{10}\cdot 0,5 + \frac{1}{10}} = \frac{9}{11} = 0,\overline{81}$, $P_{ZZ}(E) = \dfrac{P(E\cap ZZ)}{P(ZZ)} = \dfrac{\frac{9}{10}\cdot 0,5^2}{\frac{9}{10}\cdot 0,5^2 + \frac{1}{10}} \approx 0,69$

$P_{ZZZ}(E) = \dfrac{P(E\cap ZZZ)}{P(ZZZ)} = \dfrac{\frac{9}{10}\cdot 0,5^3}{\frac{9}{10}\cdot 0,5^3 + \frac{1}{10}} \approx 0,5294$, $P_{ZZZK}(E) = 1$

2. Vierfeldertafel

1. a) $P_L(A) = \frac{300}{450} = \frac{2}{3} \approx 66{,}67\%$

   b) $P_{\overline{L}}(\overline{A}) = \frac{350}{750} = \frac{7}{15} \approx 46{,}67\%$

   c) falsch positiv: $P_{\overline{L}}(A) = \frac{400}{750} \approx 53{,}33\%$, falsch negativ: $P_L(\overline{A}) = \frac{150}{450} \approx 33{,}33\%$

   d) $P_{\overline{L}}(A) = \frac{400}{750} \approx 53{,}33\%$

   Bei 20 wahrheitsgemäßen Antworten sind das $0{,}5333 \cdot 20 = 10{,}67 \approx 11$ Fehler.

   $P_L(\overline{A}) = \frac{150}{450} \approx 33{,}33\%$

   Bei 30 Lügen sind das 10 Fehler.
   Bei 50 Fragen sind also 21 Fehler zu erwarten.

2. a)

	H	$\overline{H}$	
M	50	150	200
P	10	70	80
	60	220	280

   b) $P_M(H) = \frac{50}{200} = 25\%$, $P_P(H) = \frac{10}{80} = 12{,}5\%$

   Die Heilwahrscheinlichkeit mit Medikament ist doppelt so groß wie ohne Medikament.

   c) $P_H(P) = \frac{10}{60} = \frac{1}{6} \approx 16{,}67\%$

3. a)

	W	M	
F	6	10	16
$\overline{F}$	12	2	14
	18	12	30

   F: sprechen Französisch
   $\overline{F}$: sprechen kein Französisch
   W: Mädchen
   M: Jungen

   b) 10 Jungen sprechen Französisch.

   c) $P_M(F) = \frac{6}{18} = \frac{1}{3} \approx 33{,}33\%$

4. a)

	W	$\overline{W}$	
T	30	90	120
$\overline{T}$	70	10	80
	100	100	200

   b) $P_T(\overline{W}) = \frac{90}{120} = \frac{3}{4} = 75\%$

   c) $P_{\overline{W}}(\overline{T}) = \frac{10}{100} = 0{,}1 = 10\%$

5.

	I	$\overline{I}$	
E	200	800	1000
K	100	80	180
	300	880	1180

   I: spielt Instrument
   $\overline{I}$: spielt kein Instrument
   E: Erwachsener
   K: Kind

   a) Die Familie besteht aus 1180 Personen.

   b) $P_I(\text{Kind}) = \frac{100}{300} = \frac{1}{3} \approx 33{,}33\%$

236   6.

	FB	$\overline{\text{FB}}$	
M	40	380	420
W	20	560	580
	60	940	1000

M: männlich
W: weiblich
FB: farbenblind
$\overline{\text{FB}}$: nicht farbenblind

a) $P_W(FB) = \frac{20}{580} = \frac{1}{29} \approx 3,45\%$ b) $P_{\overline{\text{FB}}}(M) = \frac{380}{940} \approx 40,43\%$

238   ## Test

1. $P_A(Z) = \frac{64}{108} \approx 59\%$, $P_{\overline{A}}(Z) = \frac{185}{345} \approx 53,6\%$

2. A: Bauteil ist defekt. $P(A) = 0,2$
    K: Bauteil wird in der Kontrolle ausgesondert
    H: Bauteil kommt in den Handel, $P(H) = 0,81$

    gesuchte Wahrscheinlichkeit: $\frac{1}{81} \approx 0,012$

	A	$\overline{A}$	
K	$0,2 \cdot 0,95 = 0,19$	0	0,19
$\overline{K}$	$0,2 \cdot 0,05 = 0,01$	0,8	$1 - 0,19 = 0,81$
	0,2	0,8	1

3. $P_A(W) = \frac{P(A \cap W)}{P(A)} = \frac{359}{738} \approx 0,486$, $P(W) = \frac{900}{1850} \approx 0,486$

Geht man davon aus, dass der Anteil der weiblichen Personen etwa 50 % beträgt, so ist kein wesentlicher Unterschied festzustellen. Die Blutgruppe ist also nicht vom Geschlecht abhängig.

4. $P(R) = 0,5 \cdot 0,7 + 0,5 \cdot 0,2 = 0,45$
    $P(U_1 \cap R) = 0,5 \cdot 0,7 = 0,35$
    $P_R(U_1) = \frac{0,35}{0,45} \approx 0,78 = 78\%$

VII. Zufallsgrößen
1. Zufallsgrößen und Wahrscheinlichkeitsverteilung

1. X kann die Werte 0, 1, 2 oder 3 annehmen.

x_i	0	1	2	3
$P(X=x_i)$	$\frac{8}{125}$	$\frac{36}{125}$	$\frac{54}{125}$	$\frac{27}{125}$

242

2. Baumdiagramm: Auszahlung

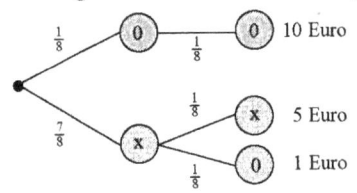

Wahrscheinlichkeitsverteilung von X:

x_i	9	4	0	-1
$P(X=x_i)$	$\frac{1}{64}$	$\frac{7}{64}$	$\frac{7}{64}$	$\frac{49}{64}$

3. G: Gewinn wird gezogen , N: Niete wird gezogen

x_i	0	1	2	3
$P(X=x_i)$	$\frac{24}{336}$	$\frac{144}{336}$	$\frac{144}{336}$	$\frac{24}{336}$

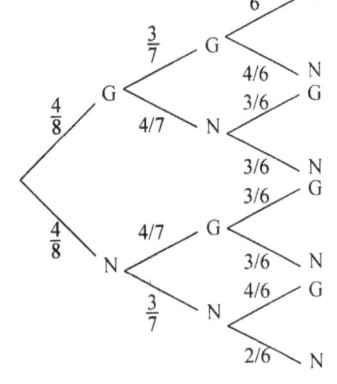

4. a) X kann die Werte -0,5; 0,5; 1,5; 3,5 annehmen.

b)

x_i	$-0,5$	0,5	1,5	3,5
$P(X=x_i)$	$\frac{19}{25}$	$\frac{3}{25}$	$\frac{2}{25}$	$\frac{1}{25}$

5. Kopf beim 1. Wurf: Otto gewinnt 2 Euro
   Kopf beim 2. Wurf: Otto gewinnt 1 Euro
   Kopf beim 3. Wurf: Otto gewinnt 0 Euro
   Kein Kopf: Otto verliert 3 Euro

x_i	2	1	0	-3
$P(X=x_i)$	$\frac{1}{2}$	$\frac{1}{4}$	$\frac{1}{8}$	$\frac{1}{8}$

Wahrscheinlichkeitsverteilung von X

6. a) X kann die Werte 0, 1, 2 annehmen.

x_i	0	1	2
$P(X=x_i)$	$0,51^2$	$2 \cdot 0,49 \cdot 0,51$	$0,49^2$

b) X kann die Werte 0, 1, 2, 3 annehmen.

x_i	0	1	2	3
$P(X=x_i)$	$0,51^3$	$3 \cdot 0,51^2 \cdot 0,49$	$3 \cdot 0,51 \cdot 0,49^2$	$0,49^3$

242 7. X kann die Werte 0, 1, 2, 3 annehmen.

x_i	0	1	2	3
$P(X=x_i)$	$\frac{125}{216}$	$\frac{80}{216}$	$\frac{10}{216}$	$\frac{1}{216}$

2. Der Erwartungswert einer Zufallsgröße

244 1. X = Gewinn / Verlust von Otto
(1;1) (1;2) (1;3) (1;4)
(2;1) (2;2) (2;3) (2;4)
(3;1) (3;2) (3;3) (3;4)
(4;1) (4;2) (4;3) (4;4) Otto gewinnt

x_i	–7	5
$P(X=x_i)$	$\frac{7}{16}$	$\frac{9}{16}$

$E(X) = -\frac{49}{16} + \frac{45}{16} = -0,25$

245 2. $E(X) = \frac{635}{48} \approx 13,229$

3. a) $P(X=x_i) = \frac{1}{6}(i=1,2,3,4,5,6), E(X) = \sum_{i=1}^{6} i \cdot \frac{1}{6} = \frac{1}{6}(1+2+3+4+5+6) = 3,5$

b)
x_i	0	1	2
$P(X=x_i)$	$\frac{25}{36}$	$\frac{10}{36}$	$\frac{1}{36}$

$E(X) = \frac{12}{36} = \frac{1}{3}$

4. a) X = Anzahl von "Kopf" in einer Serie von 5 Würfen

x_i	0	1	2	3	4	5
$P(X=x_i)$	$\frac{1}{32}$	$\frac{5}{32}$	$\frac{10}{32}$	$\frac{10}{32}$	$\frac{5}{32}$	$\frac{1}{32}$

b) $E(X) = \frac{80}{32} = 2,5$

5. a) X sei der Gewinn / Verlust des Spielers.

x_i	–6	–4	–1	4	6	10
$P(X=x_i)$	$\frac{1}{6}$	$\frac{1}{6}$	$\frac{1}{6}$	$\frac{1}{6}$	$\frac{1}{6}$	$\frac{1}{6}$

$E(X) = 1,5$

b) Bei einem Einsatz von 1,5 Euro wäre das Spiel fair.

245

6. a)

x_i	0	1	2	3
$P(X=x_i)$	$\frac{4}{120}$	$\frac{36}{120}$	$\frac{60}{120}$	$\frac{20}{120}$

b)

y_i	−8	2
$P(Y=y_i)$	$\frac{1}{3}$	$\frac{2}{3}$

$E(Y)=-\frac{4}{3}$

c) Der Einsatz muss auf 6,67 Euro gesetzt werden.

7. A = Auszahlung an Egon

a_i	0	1	2	3	5	6	7	8
$P(A=a_i)$	$\frac{1}{8}$	$\frac{1}{8}$	$\frac{1}{8}$	$\frac{1}{8}$	$\frac{1}{8}$	$\frac{1}{8}$	$\frac{1}{8}$	$\frac{1}{8}$

$E(A)=\frac{1}{8}+\frac{2}{8}+\frac{3}{8}+\frac{5}{8}+\frac{6}{8}+\frac{7}{8}+\frac{8}{8}=4 \Rightarrow$ Ab 4 Cent Einsatz ist das Spiel für Otto günstig.

8. a)

x_i	1	2	3	4	5	6
$P(X=x_i)$	$\frac{1}{2}$	$\frac{1}{4}$	$\frac{1}{8}$	$\frac{1}{16}$	$\frac{1}{32}$	$\frac{1}{32}$

b) $E(X)=\frac{63}{32}\approx 1,97$

c)

x_i	1	2	3	4	5	6
$P(X=x_i)$	$\frac{1}{4}$	$\frac{3}{16}$	$\frac{9}{64}$	$\frac{27}{256}$	$\frac{81}{1024}$	$\frac{243}{1024}$

$E(X)=\frac{3367}{1024}\approx 3,288$

246

9. $n=1$: $E(X_1)=\frac{1}{3}(1+2+3)=2$

$n=2$:

x_i	3	4	5
$P(X_2=x_i)$	$\frac{1}{3}$	$\frac{1}{3}$	$\frac{1}{3}$

, $E(X_2)=4$, $n=3$:

x_i	6
$P(X_3=x_i)$	1

, $E(X_3)=6$

X_i: Auszahlung bei i Kugeln

e = 2 Euro pro Kugel erlaubt ein faires Spiel.

10. X = Anzahl der Schüsse

a)

x_i	1	2	3	4	5
$P(X=x_i)$	$\frac{192}{256}$	$\frac{48}{256}$	$\frac{12}{256}$	$\frac{3}{256}$	$\frac{1}{256}$

$E(X)=\frac{341}{256}\approx 1,332$

b)

x_i	1	2	3	4	5
$P(X=x_i)$	0,9	0,08	0,014	0,0036	0,0024

$E(X)=1,1284$

246

11. X_i = Auszahlung bei i Kugeln

$n = 1:$ $E(X_1) = 0{,}25(1+2+3+4) = 2{,}5$

$n = 2:$

x_i	3	4	5	6	7
$P(X = x_i)$	$\frac{2}{12}$	$\frac{2}{12}$	$\frac{4}{12}$	$\frac{2}{12}$	$\frac{2}{12}$

$E(X_2) = \frac{60}{12} = 5$

$\Rightarrow$ e $= 2{,}50$ € für

$n = 3:$

x_i	6	7	8	9
$P(X = x_i)$	$\frac{1}{4}$	$\frac{1}{4}$	$\frac{1}{4}$	$\frac{1}{4}$

$E(X_3) = \frac{30}{4} = 7{,}5$

$n = 4:$

x_i	10
$P(X = x_i)$	1

$E(X_4) = 10$

jede gezogene Kugel erlaubt ein faires Spiel, unabhängig von der Anzahl der gezogenen Kugeln.

12.

Augenzahl	Ereignis	Anzahl		Auszahlung
0	(b;b;b;b)	625		0
1	(1;b;b;b)	125		1
2	(b;2;b;b)	125		1
3	(b;b;3;b) (1;2;b;b)	125+25	$\Big\}$600	1
4	(b;b;b;4) (1;b;3;b)	125+25		1
5	(1;b;b;4) (b;2;3;b)	25+25		1
6	(b;2;b;4) (1;2;3;b)	25+ 5	$\Big\}$60	5
7	(b;b;3;4) (1;2;b;4)	25+ 5		5
8	(1;b;3;4)	5	$\Big\}$10	10
9	(b;2;3;4)	5		10
10	(1;2;3;4)	1		100
		$1296 = 6^4$		

A = Auszahlung in Euro

a_i	0	1	5	10	100
$P(A = a_i)$	$\frac{625}{1296}$	$\frac{600}{1296}$	$\frac{60}{1296}$	$\frac{10}{1296}$	$\frac{1}{1296}$

$E(A) = \frac{1100}{1296} \approx 0{,}8488$

Das Spiel ist ungünstig für den Spieler, da der Einsatz höher ist als der Erwartungswert der Auszahlung. Durchschnittlicher Verlust pro Spiel: 15 Cent.

13. X: Auszahlung in Euro

x_i	0	5	10
$P(X = x_i)$	$\frac{6}{15}$	$\frac{8}{15}$	$\frac{1}{15}$

$E(X) = \frac{50}{15} \approx 3{,}33$, Spiel ist fair bei $\frac{10}{3} \approx 3{,}33$ € Einsatz

14. a)

g_i	−1	1	2	3
$P(G = g_i)$	$\frac{125}{216}$	$\frac{75}{216}$	$\frac{15}{216}$	$\frac{1}{216}$

$E(X) = -\frac{125}{216} + \frac{75}{216} + \frac{30}{216} + \frac{3}{216} = -\frac{17}{216}$ nicht fair

b) $\frac{-125}{216} + \frac{75}{216} + \frac{30}{216} + \frac{a}{216} = 0 \Leftrightarrow a = 20$

3. Varianz und Standardabweichung

248

1.

x_i	-10	20
$P(X = x_i)$	$\frac{25}{37}$	$\frac{12}{37}$

$E(X) = -\frac{250}{37} + \frac{240}{37} = -\frac{10}{37} \approx -0,27$ Euro

$V(X) = (-10 + \frac{10}{37})^2 \cdot \frac{25}{37} + (20 + \frac{10}{37})^2 \cdot \frac{12}{37} = 197,22$, $\sigma(X) = 14,04$

249

2.

x_i	1	2	3	4	5	6
$P(X = x_i)$	$\frac{1}{6}$	$\frac{1}{6}$	$\frac{1}{6}$	$\frac{1}{6}$	$\frac{1}{6}$	$\frac{1}{6}$
$(x_i - \mu)^2$	6,25	2,25	0,25	0,25	2,25	6,25

$E(X) = 3,5$ (Ü5S90)

$V(X) = \frac{17,5}{6} = 2,92$

$\sigma(X) = 1,71$

3.

x_i	2	3	4	5	6	7	8	9	10	11	12
$P(X = x_i)$	$\frac{1}{36}$	$\frac{2}{36}$	$\frac{3}{36}$	$\frac{4}{36}$	$\frac{5}{36}$	$\frac{6}{36}$	$\frac{5}{36}$	$\frac{4}{36}$	$\frac{3}{36}$	$\frac{2}{36}$	$\frac{1}{36}$
$(x_i - \mu)^2$	25	16	9	4	1	0	1	4	9	16	25

$E(x) = 7$

$V(X) = \frac{210}{36} = 5,83$

$\sigma(X) = 2,42$

4. 10 Euro Einsatz

x_i	-10	110
$P(X = x_i)$	$\frac{34}{37}$	$\frac{3}{37}$

$E(X) = -\frac{340}{37} + \frac{330}{37} = -\frac{10}{37} \approx -0,27$

$V(X) = (-10 + \frac{10}{37})^2 \cdot \frac{34}{37} + (110 + \frac{10}{37})^2 \cdot \frac{3}{37} = 1072,90$, $\sigma(X) = 32,76$

5.

x_i	0	1	2
$P(X = x_i)$	$\frac{3}{21}$	$\frac{12}{21}$	$\frac{6}{21}$

$E(X) = \frac{8}{7}$, $V(X) = \frac{140}{343} \approx 0,408$, $\sigma(X) = 0,639$

6. M_1:

x_i	996	997	998	999	1000	1001	1002	1003	1004
$P(X = x_i)$	0,01	0,02	0,08	0,18	0,45	0,16	0,04	0,04	0,02
$(x_i - \mu)^2$	16	9	4	1	0	1	4	9	16

M_2:

x_i	996	997	998	999	1000	1001	1002	1003	1004
$P(X = x_i)$	0,02	0,04	0,04	0,16	0,49	0,14	0,06	0,02	0,03
$(x_i - \mu)^2$	16	9	4	1	0	1	4	9	16

M_1: $E(X) = 1000$, $V(X) = 1,84$, $\sigma(X) = 1,356$

M_2: $E(X) = 1000$, $V(X) = 2,04$, $\sigma(X) = 1,428$, M_1 streut weniger

249

7. $\mu(X) = 495{,}51$, $V(X) = 2{,}8099$, $\sigma(x) = 1{,}676$

$\mu(Y) = 495{,}51$, $V(Y) = 2{,}6099$, $\sigma(Y) = 1{,}616$

$\mu(Z) = 495{,}49 < \mu(X) = \mu(Y)$ $\Rightarrow$ Y ist am besten geeignet!

Knobelaufgabe von S. 409:

11 Lösungen:

EINS: 1407 ; 1457 ; 1608 ; 1859 ; 2814 ; 2864 ; 3417 ; 3618 ; 3819 ; 4271 ; 8542

Der Lösungsweg kann im Folgenden nur angedeutet werden.

Aus der ersten Spalte folgt, da E+E eine einstellige Zahl ergeben muss, dass E < 5 gilt. Somit gibt es die 4 Fälle E = 4, E = 3, E = 2 und E = 1 zu untersuchen.

1. Fall: E = 4   4 I N S

Aus der 3. Spalte folgt dann   4 I N S

Daher muss N = 2 oder N = 7 sein (ohne Übertrag aus Spalte 4).   ZW4 I

Da S maximal 9 sein kann, ist dort wegen 9+9 = 18 maximal 1 Übertrag möglich. Da aber N+N = 3 nicht lösbar ist, gibt es hierfür keine Lösung.

Es sind also die Fälle N = 2 und N = 7 zu untersuchen.

N = 2: Da aus der letzten Spalte kein Übertrag erfolgt, muss S < 5 sein.

Da S von E verschieden ist, folgt S ≠ 4, ebenso ist S ≠ N, also S ≠ 2, S ≠ 1, da sonst I = 2=N.

Es bleibt S = 3. Hier folgt aber W = 2 = N, also auch keine Lösung.

N = 7: Analoge Überlegungen führen hier zur einzigen Lösung 8542.

Analog ermittelt man die übrigen Lösungen.

Zusammengesetzte Aufgaben

250

1. a)

x_i	0	3	11	a
$P(X = x_i)$	$\frac{125}{216}$	$\frac{75}{216}$	$\frac{15}{216}$	$\frac{1}{216}$

$E(X) = \frac{390+a}{216} = 2$ $\Rightarrow$ $a = 42$

Bei 3 Sechsen werden 42 Euro gezahlt.

Varianz: $V(X) \approx 15{,}69$, Standardabweichung: $\sigma(x) \approx 3{,}96$

b) Alle Verteilungen, die E(X) < 1,4 erfüllen, sind möglich.

Ein Beispiel:

x_i	0	2	9	15
$P(X = x_i)$	$\frac{125}{216}$	$\frac{75}{216}$	$\frac{15}{216}$	$\frac{1}{216}$

Auszahlung für 0, 1, 2, 3 × "6"

Dann gilt: $E(X) \approx 1{,}39$, $V(X) \approx 6{,}12$, $\sigma \approx 2{,}47$

2. a)

x_i	2	3	6	7	11	12	15
$P(X = x_i)$	$\frac{3}{15}$	$\frac{3}{15}$	$\frac{3}{15}$	$\frac{1}{15}$	$\frac{3}{15}$	$\frac{1}{15}$	$\frac{1}{15}$

$E(X) = \frac{20}{3}$

b)

x_i	2	3	6	7	10
$P(X = x_i)$	$\frac{3}{15}$	$\frac{3}{15}$	$\frac{6}{15}$	$\frac{2}{15}$	$\frac{1}{15}$

$E(X) = 5$

c) $V(X) = \frac{78}{15} = 5,2$, $\sigma \approx 2,28$

3. a) $a = 0,4$; $b = 0,3$ b) $V(X) = 81$; $\sigma(X) = 9$

4. a)

x_i	3	4	5	6
$P(X = x_i)$	$\frac{125}{512}$	$\frac{225}{512}$	$\frac{135}{512}$	$\frac{27}{512}$

$E(X) = 4,125$

b) $V(X) \approx 0,7031$, $\sigma \approx 0,839$

c)

x_i	0	1	2	3	4	5	6
$P(X = x_i)$	$\frac{8}{512}$	$\frac{48}{512}$	$\frac{120}{512}$	$\frac{160}{512}$	$\frac{120}{512}$	$\frac{48}{512}$	$\frac{8}{512}$

$E(X) = 3$

Bei einem Einsatz von 4 Euro macht man jetzt pro Spiel 1 Euro Gewinn, im Gegensatz zu vorher, wo 0,125 Euro Verlust pro Spiel erzielt wurde. Thomas hat also Recht.

5. a)

x_i	2	3	4	5	6
$P(X = x_i)$	$\frac{6}{36}$	$\frac{7}{36}$	$\frac{13}{36}$	$\frac{7}{36}$	$\frac{3}{36}$

b) $E(X) = \frac{23}{6}$, $V(X) \approx 1,36$, $\sigma \approx 1,17$

c) Ein mögliches Beispiel:

	1		
2	3	1	3
	3		

	1		
3	3	3	2
	3		

x_i	2	3	4	5	6
$P(X = x_i)$	$\frac{2}{36}$	$\frac{3}{36}$	$\frac{12}{36}$	$\frac{7}{36}$	$\frac{12}{36}$

$E(X) = \frac{55}{12}$, $V(X) \approx 1,39$, $\sigma \approx 1,18$

6. a)

x_i	-18	-8	-3	2
$P(X = x_i)$	$\frac{1}{40}$	$\frac{3}{40}$	$\frac{4}{40}$	$\frac{32}{40}$

b) $E(X) = 0,25$, $V(X) \approx 16,94$, $\sigma(X) \approx 4,12$

c) Ansatz:

x_i	$2-a$	2
$P(X = x_i)$	$\frac{1}{4}$	$\frac{3}{4}$

$E(X) = \frac{1}{4}(2-a) + \frac{3}{4} \cdot 2 = 0,25 \Rightarrow a = 7$

251

7. a) $E(X) = 45$, $\sigma(X) = 35$

b) Ansatz:

x_i	0	50	100
$P(X = x_i)$	0,2	p	0,8−p

$E(X) = 50p + 100(0,8 - p) = 45 \Rightarrow p = 0,7$

Zuteilungskontingente: 0 Aktien: 20%
                                50 Aktien: 70%
                             100 Aktien: 10%

252

8. a)

x_i	0	1	2	3
$P(X = x_i)$	0,291	0,453	0,222	0,034

$E(X) \approx 1$, $\sigma(X) \approx 0,81$

9. a)

x_i	0	1	2	3
$P(X = x_i)$	0,008	0,096	0,384	0,512

b) Für eine Serie von 3 Schuss gilt: $E(X) = 2,4$

Bei 20 Serien zu je 3 Schuss können daher 48 Treffer erwartet werden.

c) $\sigma(X) \approx 0,69$

10. a)

x_i	−49	−14	−1	1
$P(X = x_i)$	0,001	0,027	0,243	0,729

$E(X) \approx 0,059$

b) Ansatz:

x_i	−49	x	−1	1
$P(X = x_i)$	0,001	0,027	0,243	0,729

Verlangter Erwartungswert: $E(X) = 0,275$

$E(X) = 0,437 + 0,027x = 0,275 \Rightarrow x = -6$

Die Auszahlung für das Ereignis "2 Einsen" muss auf 7 Euro reduziert werden.

11. a) $P(\text{Tier ist gesund}) = 0,99$

$P(\text{alle 50 Tiere einer Stichprobe sind gesund}) = 0,99^{50} \approx 0,605$

b) Angenommen, die Herde umfasst 100 Schafe!

x_i	0	1	2
$P(X = x_i)$	0,366	0,478	0,156

c) $E(X) \approx 0,79$, $\sigma(X) \approx 0,499$

Test

1. a)

x_i	1	2	5
$P(X = x_i)$	$\frac{4}{6}$	$\frac{1}{6}$	$\frac{1}{6}$

$E(X) = \frac{11}{6} \approx 1,83$, $\sigma(X) \approx 1,46$

b)

y_i	2	3	6	7
$P(Y = y_i)$	$\frac{12}{30}$	$\frac{8}{30}$	$\frac{8}{30}$	$\frac{2}{30}$

$E(Y) = \frac{11}{3} \approx 3,67$, $\sigma(Y) \approx 1,85$

c) 1 Kugel:

z_i	–5	2
$P(Z = z_i)$	$\frac{1}{3}$	$\frac{2}{3}$

$E(Z) = -\frac{1}{3}$

3 Kugeln:

z_i	–8	–1	6
$P(Z = z_i)$	$\frac{1}{5}$	$\frac{3}{5}$	$\frac{1}{5}$

$E(Z) = -1$

Die Strategie von Sven ist schlechter als die Strategie von Peter.

2. a) Da $1 + 2 + 4 + 8 + 16 + 32 = 63$ ist, kann er maximal 6-mal spielen.

b) Wenn im n-ten Spiel gewonnen wird, $(n \leq 6)$, so beträgt der Einsatz
$2^0 + 2^1 + ... + 2^{n-1} = 2^n - 1$ €, so dass in jedem Fall 1 € Gewinn erzielt wird.
Wird bei keinem Spiel gewonnen, entstehen 63 € Verlust.

G: Gewinn / Verlust	g_i	–63	1
	$P(G = g_i)$	$\left(\frac{1}{2}\right)^6$	$1 - \left(\frac{1}{2}\right)^6$

c) $E(G) = (-63) \cdot \frac{1}{64} + 1 \cdot \frac{63}{64} = 0$

3. a) G: Guthaben / Verlust

g_i	1	4	16
$P(G = g_i)$	$\frac{1}{4}$	$\frac{1}{2}$	$\frac{1}{4}$

$E(G) = \frac{1}{4} + 2 + 4 = \frac{25}{4}$

$V(X) = 33,1875$

b) Das Spiel ist fair, wenn $E(G) = 4$ gilt.

g_i	1	2a	$4a^2$
$P(G = g_i)$	$\frac{1}{4}$	$\frac{1}{2}$	$\frac{1}{4}$

$E(G) = \frac{1}{4} + a + a^2 = 4$

Wegen $a > 0$ muss $a = 1,5$ sein.

VIII. Die Binomialverteilung
1. Bernoulli-Ketten

256

1. $n = 6$; $k = 4$; $p = \frac{2}{3}$ (rote Kugel)

$$P(X = 4) = B(6; \tfrac{2}{3}; 4) = \binom{6}{4} \cdot \left(\tfrac{2}{3}\right)^4 \cdot \left(\tfrac{1}{3}\right)^2 = 15 \cdot \tfrac{16}{81} \cdot \tfrac{1}{9} = \tfrac{80}{243} \approx 0,3292$$

257

Lösung zum Beispieltest: 1b, 2c, 3a, 4b

2. $n = 13$; $k \geq 10$; $p = \frac{1}{3}$

$$P(X \geq 10) = P(X = 10) + P(X = 11) + P(X = 12) + P(X = 13)$$
$$= \binom{13}{10} \cdot \left(\tfrac{1}{3}\right)^{10} \cdot \left(\tfrac{2}{3}\right)^3 + \binom{13}{11} \cdot \left(\tfrac{1}{3}\right)^{11} \cdot \left(\tfrac{2}{3}\right)^2 + \binom{13}{12} \cdot \left(\tfrac{1}{3}\right)^{12} \cdot \left(\tfrac{2}{3}\right) + \left(\tfrac{1}{3}\right)^{13} = \tfrac{2627}{3^{13}} \approx 0,00165$$

259

3. $n = 6$; $k = 3$; $p = 0,514$ (Knabengeburt)

$$P(X = 3) = \binom{6}{3} \cdot 0,514^3 \cdot 0,486^3 \approx 0,3118$$

4. $n = 5$; $k \leq 2$; $p = \frac{1}{4}$

$$P(X \leq 2) = \binom{5}{0} \cdot \left(\tfrac{1}{4}\right)^0 \cdot \left(\tfrac{3}{4}\right)^5 + \binom{5}{1} \cdot \left(\tfrac{1}{4}\right)^1 \cdot \left(\tfrac{3}{4}\right)^4 + \binom{5}{2} \cdot \left(\tfrac{1}{4}\right)^2 \cdot \left(\tfrac{3}{4}\right)^3 = \tfrac{918}{1024} \approx 0,8965$$

5. $n = 10$; $k \geq 8$; $p = 0,8$ (Scheibe getroffen)

$$P(X \geq 8) = \binom{10}{8} \cdot 0,8^8 \cdot 0,2^2 + \binom{10}{9} \cdot 0,8^9 \cdot 0,2^1 + 0,8^{10} \approx 0,6778$$

6. $n = 8$; $k = 4, 5, 6$; $p = \frac{2}{3}$ (rote Kugel)

$$P(4 \leq X \leq 6) = \binom{8}{4} \cdot \left(\tfrac{2}{3}\right)^4 \cdot \left(\tfrac{1}{3}\right)^4 + \binom{8}{5} \cdot \left(\tfrac{2}{3}\right)^5 \cdot \left(\tfrac{1}{3}\right)^3 + \binom{8}{6} \cdot \left(\tfrac{2}{3}\right)^6 \cdot \left(\tfrac{1}{3}\right)^2 = \tfrac{4704}{3^8} \approx 0,7170$$

7. $n = 10$; $k > 3$; $p = ,4$ (Seitenlage)

$$P(X > 3) = 1 - P(X \leq 3) = 1 - (P(X = 0) + P(X = 1) + P(X = 2) + P(X = 3))$$
$$= 1 - (0,6^{10} + \binom{10}{1} \cdot 0,4 \cdot 0,6^9 + \binom{10}{2} \cdot 0,4^2 \cdot 0,6^8 + \binom{10}{3} \cdot 0,4^3 \cdot 0,6^7) \approx 0,6178$$

8. $p = \frac{1}{6}$; $P(\text{keine } 6 \text{ bei } n \text{ Würfen}) = \left(\tfrac{5}{6}\right)^n$

$P(\text{mindestens eine } 6 \text{ bei } n \text{ Würfen}) = 1 - \left(\tfrac{5}{6}\right)^n \geq 0,9 \quad \Leftrightarrow \quad \left(\tfrac{5}{6}\right)^n \leq 0,1, \quad n \geq \tfrac{\ln 0,1}{\ln \frac{5}{6}} \approx 12,63$

Der Würfel muss mindestens 13-mal geworfen werden.

9. E: "Brief am nächsten Tag zugestellt", $P(E) = 0,9$, $n = 8$

a) $k = 8$: $B(8; 0,9; 8) = 0,9^8 = 0,4305$

b) $k = 6, 7, 8$

$$B(8; 0,9; 6) + B(8; 0,9; 7) + B(8; 0,9; 8) = 28 \cdot 0,9^6 \cdot 0,1^2 + 8 \cdot 0,9^7 \cdot 0,1 + 0,9^8 = 0,9619$$

10. a) $n = 10$; $k = 6$; $p = \frac{2}{3}$ (Max gewinnt)

$$P(X = 6) = \binom{10}{6} \cdot \left(\tfrac{2}{3}\right)^6 \cdot \left(\tfrac{1}{3}\right)^4 = \tfrac{13440}{3^{10}} \approx 0,2276$$

259

10. b) $n = 10$; $k \geq 6$; $p = \frac{2}{3}$

$$P(X \geq 6) = \binom{10}{6} \cdot \left(\frac{2}{3}\right)^6 \cdot \left(\frac{1}{3}\right)^4 + \binom{10}{7} \cdot \left(\frac{2}{3}\right)^7 \cdot \left(\frac{1}{3}\right)^3 + \binom{10}{8} \cdot \left(\frac{2}{3}\right)^8 \cdot \left(\frac{1}{3}\right)^2 + \binom{10}{9} \cdot \left(\frac{2}{3}\right)^9 \cdot \frac{1}{3} + \left(\frac{2}{3}\right)^{10}$$
$$= \frac{46464}{59049} \approx 0,7869$$

c) P(Karl verliert alle n Spiele) $= \left(\frac{2}{3}\right)^n$

P(Karl gewinnt mindestens eins von n Spielen) $= 1 - \left(\frac{2}{3}\right)^n$

$1 - \left(\frac{2}{3}\right)^n \geq 0,99$ $\Leftrightarrow$ $\left(\frac{2}{3}\right)^n \leq 0,01$, $n \geq \frac{\ln 0,01}{\ln \frac{2}{3}} \approx 11,36$

Mindestens 12 Partien sind zu spielen.

2. Eigenschaften von Binomialverteilungen

260

1. a) $n = 3$, $p = 0,5$ Graph:

Tabelle:

k	P(X=K)
0	0,1250
1	0,3750
2	0,3750
3	0,1250

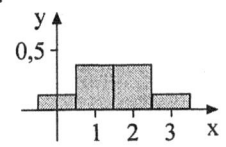

Das Diagramm ist wegen $p = 0,5$ symmetrisch.

2. $n = 5$

$B(5;p;0) = p^5 = 0,0313$, $p = \sqrt[5]{0,0313} = 0,5$

$B(5;0,5;1) = B(5;0,5;4) = 0,1563$, $B(5;0,5;2) = B(5;0,5;3) = 0,3125$

3. $n = 200$, $p = 0,3$ (bekommt kein Geld)

263

a) Der Erwartungswert beträgt $\mu = 0,3 \cdot 200 = 60$

b) $\sigma = \sqrt{200 \cdot 0,3 \cdot 0,7} = \sqrt{42} \approx 6,48$

c) $2\sigma - $Regel: $\mu - 2\sigma \approx 47$, $\mu + 2\sigma \approx 73$ Mit 95% Wahrscheinlichkeit werden mindestens 47 aber höchstens 73 Personen kein Geld bekommen.

4. a) $p = \frac{1}{3}$

k	P(X = k)
0	0,0878
1	0,2634
2	0,3292
3	0,2195
4	0,0823
5	0,0165
6	0,0014

b) Erwartungswert: $E(X) = 6 \cdot \frac{1}{3} = 2$

264

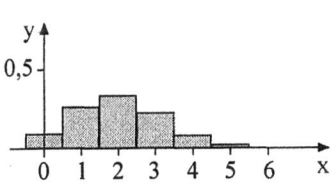

5. a) $p = 0,5$, $E(X) = 5$

b) $P(X = 5) = B(10;0,5;5) = \binom{10}{5} \cdot \left(\frac{1}{2}\right)^5 \cdot \left(\frac{1}{2}\right)^5 \approx 0,25$

Die Wahrscheinlichkeit beträgt 25 %.

264

6. $n = 10$, $p = 0,2$

a) $E(X) = 2$, er kann mit 2 richtigen Antworten rechnen.

b) Höchstens 30 %, also höchstens 3 richtige Antworten.

$$P(X \le 3) = \binom{10}{0} \cdot 0,2^0 \cdot 0,8^{10} + \binom{10}{1} \cdot 0,2^1 \cdot 0,8^9 + \binom{10}{2} \cdot 0,2^2 \cdot 0,8^8 + \binom{10}{3} \cdot 0,2^3 \cdot 0,8^7$$

$$\approx 0,1074 + 0,2684 + 0,3020 + 0,2013 = 0,8791$$

7. $n = 5000$, $p = 0,04$

a) $E(X) = 5000 \cdot 0,04 = 200$ fehlerhafte Lampen sind zu erwarten.

b) Sind unter $6000 + k$ Lampen k fehlerhafte zu erwarten, so kann man mit 6000 fehlerfreien Lampen rechnen.

$E(6000+k) = 6000 \cdot 0,04 + k \cdot 0,04 = k$ d.h. $0,96k = 240$ also $k = 250$

Er sollte mindestens 6250 Lampen bestellen.

8. $n = 20$, $p = 0,7$

a) $E(X) = 20 \cdot 0,7 = 14$ Bei 14 Patienten ist eine Linderung zu erwarten.

b) $P(X = 14) = B(20;0,7;14) = \binom{20}{14} \cdot 0,7^{14} \cdot 0,3^6 \approx 0,1916$

Die Wahrscheinlichkeit beträgt ca. 19,16 %.

9. a) $n = 5$, $p = 0,2$

k	P(X=k)
0	0,3277
1	0,4096
2	0,2048
3	0,0512
4	0,0064
5	0,0003

$E(X) = 1$

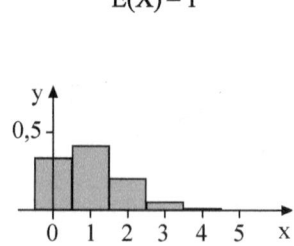

b) $P(X = 3) = B(5;0,2;3) = \binom{5}{3} \cdot 0,2^3 \cdot 0,8^2 \approx 0,0512$

Die Wahrscheinlichkeit für genau 3 rote Kugeln beträgt ca. 5 %.

c) In der Urne liegen 6 gelbe Kugeln. Also gilt $p = 0,3$.

$E(Y) = n \cdot 0,3 > 5$, $n > 16,67$ Es müssen mindestens 17 Kugeln gezogen werden.

265

10. $n = 10$, $p = 0,9$, $P(A) = 0,9^{10} \approx 0,3487$, $P(B) = 0,9^9 \cdot 0,1 \approx 0,0387$, $P(C) = B(10;0,9;8) \approx 0,1973$

$P(D) = P(X \ge 9) = B(10;0,9;9) + B(10;0,9;10) = 10 \cdot 0,9^9 \cdot 0,1 + 0,9^{10} \approx 0,7361$

11. a) $P(X = 1) = 10 \cdot 0,2 \cdot 0,8^9 \approx 0,2684$

b) $P(X \ge 2) = 1 - P(X \le 1) = 1 - B(10;0,2;0) - B(10;0,2;1)$

$$= 1 - 0,8^{10} - 10 \cdot 0,8^9 \cdot 0,2 \approx 0,6242$$

12. a) $n = 10$, $p = \frac{12}{60} = \frac{1}{5} = 20\%$

$P(X \ge 1) = 1 - P(X = 0) = 1 - B(10;0,2;0) = 1 - 0,8^{10} \approx 0,8926 = 89,26\%$

b)

X = k	0	1	2	3	4
P(X = k)	0,1074	0,2684	0,3020	0,2013	0,0881

Am häufigsten sind also 2 Taxen anzutreffen.

c) $P(X \ge 2) = 1 - P(X = 1) - P(X = 0) \approx 0,6242$

265

13. a) n = 30 , p = 0,8 , E(X) = 30 · 0,8 = 24
    Es sind 24 Halbpensionsgäste zu erwarten.

   b) Höchstens 2 Gäste ohne Halbpension, d.h. mindestens 28 Gäste mit Halbpension.

$$P(X \geq 28) = B(30;0,8;28) + B(30;0,8;29) + B(30;0,8;30)$$

$$= \binom{30}{28} \cdot 0,8^{28} \cdot 0,2^2 + \binom{30}{29} \cdot 0,8^{29} \cdot 0,2 + 0,8^{30} \approx 0,0442$$

14. n = 12 , p = 0,1

$$P(A) = P(X \geq 1) = 1 - P(X = 0) = 1 - 0,9^{12} \approx 0,7176$$

$$P(B) = 0,9^{10} \cdot 0,1^2 \approx 0,0035 = 0,35\%$$

15. a) $P(X = 0) = B(10;p;0) = p^{10} = 0,6$, $p = \sqrt[10]{0,6} \approx 0,95$

   b) $P(X \leq 3) = B(10;0,5;0) + ... + B(10;0,5;;3)$ Nein

$$= ((\binom{10}{0}) + (\binom{10}{1}) + (\binom{10}{2}) + (\binom{10}{3})) \cdot 0,5^{10} \approx 0,1719 = 17,19\%$$

3. Praxis der Binomialverteilung

269

1. X = Anzahl der Frauen unter den 15 Wartenden
    P = Wahrscheinlichkeit, dass eine wartende Person eine Frau ist
    p = 0,5: P(X=5) = B(15; 0,5; 5) ≈ 0,0916 = 9,16 %
    p = 0,4: P(X=5) = B(15; 0,4; 5) ≈ 0,1859 = 18,59 %

2. X = Anzahl der defekten Bauteile unter 9 entnommenen Bauteilen
    a) $P(X = 2) = B(9;0,1;2) \approx 17,22\%$
    b) $P(X \leq 1) = P(X = 0) + P(X = 1) = 0,3874 + 0,3874 = 77,48\%$

3. x = Anzahl der wirksamen unter 20 Therapieversuchen
    p = 0,7 = Wahrscheinlichkeit, dass ein Therapieversuch wirkt
    P(X=14) = B(20; 0,7; 14) ≈ 0,1916 = 19,16 %

4. X = Anzahl der richtig beantworteten Fragen von insgesamt 8 beantworteten Fragen
    p = Wahrscheinlichkeit, eine Frage zufällig richtig zu beantworten

   a) $p = \frac{1}{3}$: $P(X \geq 7) = P(X = 7) + P(X = 8) = B(8;\frac{1}{3};7) + B(8;\frac{1}{3};8) \approx 0,0026$

   b) $P = \frac{1}{\binom{4}{2}} = \frac{1}{6}$: $P(X \geq 7) = B(10;\frac{1}{6};7) + ... + B(10;\frac{1}{6};10) \approx 0,0002$

270 5. X = Anzahl der richtig beantworteten Fragen bei 20 beantworteten Fragen

   $p = \frac{1}{3}$ = Wahrscheinlichkeit, eine Einzelfrage richtig zu beantworten

   P("Test nicht bestanden") = $P(X \leq 10) = F(20;\frac{1}{3};10) = 0,9624$

271 6. X = Anzahl der Kopfwürfe bei 20 Münzwürfen
   p = 0,7 = Wahrscheinlichkeit für einen Kopfwurf
   a) $P(X \leq 10) = F(20;0,7;10) \approx 1 - 0,9520 = 0,0480$
   b) $P(X \leq 30) = F(50;0,7;30) \approx 1 - 0,9152 = 0,0848$

   Gewinnerwartung des Spielers $\approx (18 \text{ €}) \cdot 0,0848 + (-2 \text{ €}) \cdot 0,9152 = -0,304 \text{ €}$
   Das Spiel ist ungünstig für den Spieler. Er verliert pro Spiel im Mittel ca. 30 Cent.
   c) Gewinnerwartung des Spielers = 0 (Ansatz)
   $(20 - \text{Einsatz}) \cdot 0,0848 + (-\text{Einsatz}) \cdot 0,9152 = 0$
   Einsatz = 1,696 Euro
   Der Einsatz sollte ca. 1,70 Euro betragen. Dann ist das Spiel annähernd fair.

273 7. X = Anzahl der Sechsen bei 18 Würfen

   a) $P(X=3)=B(18;\frac{1}{6};3)=0,2452$
   $P(X<3)=P(X>3)\approx0,7548$
   $P(X>3)=1-P(X\leq3)=1-F(18;\frac{1}{6};3)\approx1-0,6479=0,3521$

   b) $P(X \geq 2) = 1 - P(X \leq 1) = 1 - F(18;\frac{1}{6};1) \approx 1 - 0,1728 = 0,8272$

   $P(X \leq 4) = F(18;\frac{1}{6};4) \approx 0,8318$

   c) $P(X \leq 1) = F(18;\frac{1}{6};1) = 0,1728$

   $P(X \geq 5) = 1 - P(X \leq 4) = F(18;\frac{1}{6};4) = 1 - 0,8318 = 0,1682$

   d) Der Erwartungswert für die Anzahl der Sechsen beträgt E(X) = 2.

   1. $P(X = 2) = B(12;\frac{1}{6};2) \approx 0,2961$

   $P(X<2)+P(X>2) \approx 0,7039$

   $P(X > 2) = 1 - P(X \leq 2) = 1 - F(12;\frac{1}{6};2) \approx 1 - 0,6774 = 0,3226$

   2. $P(1 \leq X \leq 12) = P(X \leq 12) - P(X \leq 0) = F(12;\frac{1}{6};12) - F(12;\frac{1}{6};0)$
   $= 1 - 0,1122 = 0,8878$

   $P(X \leq 3) = F(12;\frac{1}{6};3) \approx 0,8748$

   3. $P(X \leq 0) = F(12;\frac{1}{6};0) = 0,1122$

   $P(X \geq 4) = 1 - P(X \leq 3) = 1 - F(12;\frac{1}{6};3) \approx 1 - 0,8748 = 0,1252$

e) Der Erwartungswert für die Anzahl der Sechsen bei 50 Würfen beträgt $E(X) = \frac{50}{6}$.

273

1. $P(X = \frac{50}{6}) = 0$, da X ganzzahlig

$P(X < \frac{50}{6}) + P(X > \frac{50}{6}) = 1$

$P(X > \frac{50}{6}) = P(X \geq 9) = 1 - P(X \leq 8) = 1 - 0,5421 = 0,4579$

2. $P(X \geq \frac{22}{3}) = P(8 \leq X \leq 50) = P(X \leq 50) - P(X \leq 7)$

$= F(50; \frac{1}{6}; 50) - F(50; \frac{1}{6}; 7) = 1 - 0,3911 = 0,6089$

$P(X \leq \frac{28}{3}) = P(X \leq 9) = F(50; \frac{1}{6}; 9) \approx 0,6830$

3. $P(X \leq \frac{19}{3}) = P(X \leq 6) = F(50; \frac{1}{6}; 6) = 0,2506$

$P(X \geq \frac{31}{3}) = P(X \geq 11) = 1 - P(X \leq 10)$

$= 1 - F(50; \frac{1}{6}; 10) = 1 - 0,7986 = 0,2014$

8. $p = 0,03 =$ Wahrscheinlichkeit, dass ein beliebiger Patient allergisch reagiert

a) X = Anzahl der allergisch reagierenden unter 10 Patienten pro Jahr

$P(X \geq 1) = 1 - P(X \leq 0) = 1 - F(10; 0,03; 0) = 1 - 0,7374 = 0,2626$

b) X = Anzahl der allergisch reagierenden unter den 80 Patienten des Arztes

$P(4 \leq X \leq 7) = P(X \leq 7) - P(X \leq 3) = F(80; 0,03; 7) - F(80; 0,03; 3)$

$= 0,9972 - 0,7807 = 0,2165$

Die Beobachtungen des Arztes mögen zutreffen, sind aber statistisch gesehen nicht der Normalfall. Er hatte offenbar überdurchschnittlich viele allergisch reagierende Patienten.

9. Man wählt einen Farbknopf und setzt ihn auf Position 1. Dann wählt man einen weiteren Farbknopf und setzt ihn auf Position 2. Dies wiederholt man, bis Position 4 erreicht ist.

$p = \frac{1}{4} =$ Wahrscheinlichkeit, eine bestimmte Position zufällig korrekt zu besetzen

X = Anzahl der korrekt besetzten Positionen unter den 4 besetzten Positionen

a) $P(X=4) = B(4; 0,25; 4) = 0,25^4 = 0,0039$

b) Die Frage ist, für welchen Wert von k die Wahrscheinlichkeit $P(X=k) = B(4; 0,25; k)$ maximal wird. Ein Blick in Tabelle 3 ($n = 4$, $p = 0,25$) zeigt, dass dies für $k = 1$ der Fall ist: $P_{max} = P(X=1) = 0,4219$.

c) $P(2 \leq X \leq 3) = P(X \leq 3) - P(X \leq 1) = F(4; 0,25; 3) - F(4; 0,25; 1)$

$= 0,9961 - 0,7383 = 0,2578$

10. X = Anzahl der "doppelten Kopfwürfe" bei n Würfen von 2 Münzen

p = Wahrscheinlichkeit für "doppelten Kopf" beim Wurf von 2 Münzen, $p = 0,5^2 = 0,25$

a) $n = 20$: P(Otto gewinnt) $= P(3 \leq X \leq 4) = P(X \leq 4) - P(X \leq 2)$

$= F(20; 0,25; 4) - F(20; 0,25; 2) = 0,4148 - 0,0913 = 0,3235$

P(Egon gewinnt) $= 1 - $ P(Otto gewinnt) $= 1 - 0,3235 = 0,6765$

Gewinnerwartung von Egon $= (10 \, Euro) \cdot 0,6765 + (-20 \, Euro) \cdot 0,3235 \approx 30 \, Cent$

Egon hat die besseren Chancen. Er gewinnt im Durchschnitt ca. 30 Cent pro Spiel.

b) $n = 50$: P(Otto gewinnt) $= P(3 \leq X \leq 4) = F(50; 0,25; 4) - F(50; 0,25; 2)$

$= 0,002108 - 0,000087 = 0,002021$

P(Egon gewinnt) $= 1 - 0,002021 = 0,997979$

4. Exkurs: σ-Umgebung des Erwartungswertes

274   1. $n = 50$, $p = \frac{1}{6}$, $\mu = 8,33$, $\sigma = \sqrt{50 \cdot \frac{1}{6} \cdot \frac{5}{6}} \approx 2,64$

$P(|X - \mu| \le \sigma) = P(6 \le X \le 10) = F(50; \frac{1}{6}; 10) - F(50; \frac{1}{6}; 5) = 0,7986 - 0,1388 = 0,66$

$P(|X - \mu| \le 2\sigma) = P(4 \le X \le 13) = F(50; \frac{1}{6}; 13) - F(50; \frac{1}{6}; 3) = 0,9693 - 0,0238 = 0,9455$

$P(|X - \mu| \le 3\sigma) = P(1 \le X \le 16) = F(50; \frac{1}{6}; 16) - F(50; \frac{1}{6}; 0) = 0,9978 - 0,0001 = 0,9977$

Die Ergebnisse stimmen in etwa mit denen des Münzwurfs überein.

275   2. a) Münzwurf $(p = 0,5)$: $n \cdot p \cdot (1-p) = \frac{n}{4} > 9 \iff n > 36$

Würfelwurf $(p = 1/6)$: $n \cdot p \cdot (1-p) = \frac{5n}{36} > 9 \iff n > 64,8$

Kleinstmögliches n: Münzwurf $n_0 = 37$, Würfelwurf $n_0 = 65$

b) Die Funktion $f(p) = p(1-p)$ nimmt ihren kleinsten Wert im Intervall [0,1 ; 0,9] an den Rändern an.

$p = 0,1$: $n \cdot 0,1 \cdot 0,9 > 9 \iff n > 100$

278   3. $n = 5000$, $\mu = 2500$, $\sigma = \sqrt{1250} \approx 35,36$

Wegen der Sicherheitswahrscheinlichkeit von 68 % ist das σ-Intervall um μ gesucht:

$|X - 2500| \le 35,36 \iff 2465 \le X \le 2535$

4. $n = 6000$, $\mu = 1000$, $\sigma = 28,87$

Wegen der gegebenen Sicherheitswahrscheinlichkeit ist ein 2σ-Intervall um μ zu betrachten: $|X - 1000| \le 57,74 \iff 943 \le X \le 1057$

Die beobachtete absolute Häufigkeit liegt im 2σ-Intervall. Die Fälschung kann mit 95,5% Sicherheitswahrscheinlichkeit nicht behauptet werden.

5. $n = 100$, $\mu = 33,33$, $\sigma = 4,71$

σ-Umgebung von μ: $|X - 33,33| \le 4,71 \iff 29 \le X \le 38$

2σ-Umgebung von μ: $|X - 33,33| \le 9,43 \iff 24 \le X \le 42$

3σ-Umgebung von μ: $|X - 33,33| \le 14,14 \iff 20 \le X \le 47$

Ergebnis: Mit 68 % und 95,5 % Sicherheit kann angenommen werden, dass das Versprechen falsch ist, auf 99,7 % Sicherheitsniveau kann nicht widersprochen werden (die absolute Häufigkeit liegt im 3σ-Intervall von μ).

6. In allen Fällen ist ein 2σ-Intervall um μ zu bestimmen.

Alter: unter 6:   1960: $\mu = 900$, $\sigma = \sqrt{819} = 28,62$, $2\sigma = 57,24$

$843 \le X \le 957$

1984: $\mu = 600$, $\sigma = \sqrt{564} = 23,75$, $2\sigma = 47,50$

$553 \le X \le 647$

6. 6 bis unter 15: 1960: $\mu = 1200$, $\sigma = \sqrt{1056} = 32,50$, $2\sigma = 64,99$
                          $1136 \leq X \leq 1264$

                    1984: $843 \leq X \leq 957$

   15 bis unter 65: 1960: $\mu = 6800$, $\sigma = \sqrt{2176} = 46,65$, $2\sigma = 93,30$
                           $6707 \leq X \leq 6893$

                     1984: $\mu = 7000$, $\sigma = \sqrt{2100} = 45,83$, $2\sigma = 91,65$
                           $6909 \leq X \leq 7091$

   65 und mehr: 1960: $\mu = 1100$, $\sigma = \sqrt{979} = 31,29$, $2\sigma = 62,58$
                       $1038 \leq X \leq 1162$

                 1984: $\mu = 1500$, $\sigma = \sqrt{1275} = 35,71$, $2\sigma = 71,41$
                       $1429 \leq X \leq 1571$

   Männer: ledig: 1960: $\mu = 4500$, $\sigma = \sqrt{2475} = 49,75$, $2\sigma = 99,50$
                         $4401 \leq X \leq 4599$

                   1984: $\mu = 4400$, $\sigma = \sqrt{2464} = 49,64$, $2\sigma = 99,28$
                         $4301 \leq X \leq 4499$

   verheiratet: 1960: $\mu = 5200$, $\sigma = \sqrt{2496} = 49,96$, $2\sigma = 99,92$
                       $5101 \leq X \leq 5299$

                 1984: $\mu = 5000$, $\sigma = \sqrt{2500} = 50$, $2\sigma = 100$
                       $4900 \leq X \leq 5100$

   verw. u. gesch.: 1960: $\mu = 400$, $\sigma = \sqrt{384} = 19,60$, $2\sigma = 39,19$
                           $361 \leq X \leq 439$

                     1984: $\mu = 600$, $\sigma = \sqrt{564} = 23,75$, $2\sigma = 47,50$
                           $553 \leq X \leq 647$

   Frauen: ledig: 1960: $\mu = 3900$, $\sigma = \sqrt{2379} = 48,77$, $2\sigma = 97,55$
                         $3803 \leq X \leq 3997$

                   1984: $\mu = 3500$, $\sigma = \sqrt{2275} = 47,70$, $2\sigma = 95,39$
                         $3405 \leq X \leq 3395$

   verheiratet: 1960: $\mu = 4600$, $\sigma = \sqrt{2484} = 49,84$, $2\sigma = 99,68$
                       $4501 \leq X \leq 4699$

                 1984: $\mu = 4700$, $\sigma = \sqrt{2491} = 49,91$, $2\sigma = 99,82$
                       $4601 \leq X \leq 4799$

   verw. u. gesch.: 1960: $\mu = 1500$, $\sigma = \sqrt{1275} = 35,71$, $2\sigma = 71,41$
                           $1429 \leq X \leq 1571$

                     1984: $\mu = 1800$, $\sigma = \sqrt{1476} = 38,42$, $2\sigma = 76,84$
                           $1724 \leq X \leq 1876$

278

278   7. $n = 3000$, $p = 0,65$, $\mu = 1950$, $\sigma = 26,12$

Es ist ein σ-Intervall um μ zu betrachten:

$|X - 1959| \leq 26,12 \quad \Leftrightarrow \quad 1924 \leq X \leq 1976$

Mit 68 % Wahrscheinlichkeit wird die Anzahl der Antworten zwischen 1924 und 1976 liegen.

8. a) Es ist eine 3σ-Umgebung von μ zu betrachten:

$n = 10000$, $p = 0,8$, $\mu = 8000$, $\sigma = 40$, $3\sigma = 120$

Mit 99,7 % Wahrscheinlichkeit stehen zwischen 7880 und 8120 Tulpen zur Verfügung.

b) $n = 100$, $p = 0,8$, $\mu = 80$, $\sigma = 4$

$\mu - \sigma = 76$ Auf 68 %-Niveau ist folgende Garantie möglich:

Mindestens 76 von 100 Tulpenzwiebeln wachsen an.

5. Exkurs: $\frac{\sigma}{n}$-Umgebungen der Trefferwahrscheinlichkeit

281   1. $n = 8350$, $p = \frac{7348}{8350} = 0,88$, $\sigma = 29,7$, $2\sigma = 59,39$

(P: Wahrscheinlichkeit, dass ein Motor die Endkontrolle ohne Beanstandung passiert)

Wegen der Sicherheitswahrscheinlichkeit von 95,5 % muss eine $2\frac{\sigma}{n}$-Umgebung von p betrachtet werden:

$2\frac{\sigma}{n} = 0,0071 \quad \Rightarrow \quad 2\frac{\sigma}{n}$-Umgebung von p: $0,8729 \leq p \leq 0,8871$

Tag	$\frac{X}{n}$	Ergebnis
Montag	0,8644	Abweichung nach unten (scharfe Kontrolle)
Dienstag	0,8841	keine Abweichung
Mittwoch	0,875	keine Abweichung
Donnerstag	0,8855	keine Abweichung
Freitag	0,9168	Abweichung nach oben (lasche Kontrolle)

2. a) $n = 1450$, $p = 0,055$, $\mu = 79,75$, $\sigma = 8,68$ $\frac{\sigma}{n} = 0,00599$

$|\frac{X}{n} - p| < \frac{\sigma}{n} \quad \Leftrightarrow \quad 0,049 \leq \frac{X}{n} \leq 0,061$

Mit 68 % Sicherheit liegt der Stimmenanteil zwischen 4,9 % und 6,1 %.

Der Einzug ins Parlament kann wegen der 5 %-Klausel nicht garantiert werden.

b) Bedingung: $\frac{X}{n} - 2\frac{\sigma}{n} = 0,055 - 2\frac{\sigma}{n} \geq 0,05 \quad \Leftrightarrow \quad 2\frac{\sigma}{n} \leq 0,005$

$\Leftrightarrow \quad 2 \cdot \sqrt{\frac{p(1-p)}{n}} \leq 0,005$

$\Leftrightarrow \quad 160000 \cdot p(1-p) \leq n$

$\Leftrightarrow \quad 8316 \leq n$

Es müssen mindestens 8316 Personen befragt werden.

3. Es sind $3\frac{\sigma}{n}$-Umgebungen von p zu bestimmen.

281

Die Bedingung $P(|\frac{X}{n} - p| < 0,01) > 0,997$ ist erfüllt, falls $3\frac{\sigma}{n} \leq 0,01$ ist.

$3\frac{\sigma}{n} = 3 \cdot \sqrt{\frac{p(1-p)}{n}} \leq 0,01$: $p = 0,2$: $n \geq 1440$
$\phantom{3\frac{\sigma}{n} = 3 \cdot \sqrt{\frac{p(1-p)}{n}} \leq 0,01:}$ $p = 0,5$: $n \geq 22500$
$\phantom{3\frac{\sigma}{n} = 3 \cdot \sqrt{\frac{p(1-p)}{n}} \leq 0,01:}$ $p = 0,95$: $n \geq 4275$

Generell gilt: Je dichter p an 0 oder an 1 liegt, desto kleiner kann der Stichprobenumfang zu vorgegebener Sicherheitswahrscheinlichkeit gewählt werden.

4. $n = 250$, $p = 0,09$, $\mu = 22,5$, $\sigma = 4,525$

Es ist die $\frac{\sigma}{n}$-Umgebung von p zu bestimmen: $\frac{\sigma}{n} = 0,0181$

Zufällige Abweichung auf 68 % Sicherheitsniveau liegen vor, wenn

$7,19\% = 0,0719 \leq p_1 \leq 0,1081 = 10,81\%$ gilt.

5. Da hochsignifikante Abweichungen von p = 0,38 untersucht werden sollen, müssen jeweils $3\frac{\sigma}{n}$-Umgebungen bestimmt werden.

Flugreisende: $n = 413$, $p = 0,38$, $\mu = 156,94$, $\sigma = 9,86$

 $3\frac{\sigma}{n} = 0,072$, $3\frac{\sigma}{n}$-Umgebung von p: $[0,308\,;\,0,462]$

 $\frac{X}{n} = 0,467$ $\Rightarrow$ hochsignifikante Abweichung

 (hoher Anteil von Karteninhabern)

Hotelgäste: $n = 39$, $p = 0,38$, $\mu = 14,82$, $\sigma = 3,03$

 $3\frac{\sigma}{n} = 0,233$, $3\frac{\sigma}{n}$-Umgebung von p: $[0,147\,;\,0,613]$

 $\frac{X}{n} = 0,590$ $\Rightarrow$ keine hochsignifikante Abweichung

Discobesucher: $n = 105$, $p = 0,38$, $\mu = 39,9$, $\sigma = 4,97$

 $3\frac{\sigma}{n} = 0,142$, $3\frac{\sigma}{n}$-Umgebung von p: $[0,238\,;\,0,522]$

 $\frac{X}{n} = 0,333$ $\Rightarrow$ keine hochsignifikante Abweichung

6. $n = 400$, $p = 0,95$ (Wahrscheinlichkeit dafür, dass ein Teil in Ordnung ist)

Zu untersuchen: $3\frac{\sigma}{n}$-Umbebung von p:

$\mu = 380$, $\sigma = \sqrt{19} = 4,36$ $\Rightarrow$ $3\frac{\sigma}{n} = 0,0327$

$3\frac{\sigma}{n}$-Umgebung von p: $[91,73\,\%\,;\,98,27\,\%]$

Ergebnis: Mit 99,7 % Wahrscheinlichkeit sind mehr als 91,73 % der Teile brauchbar.
Bei 400 Stück im Karton sind mindestens 366 Teile brauchbar.
Garantie: Im Karton mit 400 Stück sind mindestens 366 Teile in Ordnung.

282

1. a) $n = 6$, $p(2 \text{ Treffer}) = \frac{2}{3}$

$P(A) = P(\text{nur } 2) = (\frac{2}{3})^6 \approx 0,0878 = 8,78\%$

$P(B) = (\frac{6}{3}) \cdot (\frac{2}{3})^3 \cdot (\frac{1}{3})^3 \approx 0,2195 = 21,95\%$

$P(C) = (\frac{6}{0}) \cdot (\frac{2}{3})^0 \cdot (\frac{1}{3})^6 + (\frac{6}{1}) \cdot \frac{2}{3} \cdot (\frac{1}{3})^5 + (\frac{6}{2}) \cdot (\frac{2}{3})^2 \cdot (\frac{1}{3})^4 \approx 0,1001 = 10,01\%$

$P(D) = (\frac{6}{5}) \cdot (\frac{2}{3})^5 \cdot (\frac{1}{3})^1 + (\frac{6}{6}) \cdot (\frac{2}{3})^6 \approx 0,3512 = 35,12\%$

b) $\mu = 30 \cdot \frac{2}{3} = 20$ Zweien

c) P(mindestens eine Eins) $= 1 - P(\text{keine Eins}) = 1 - (\frac{2}{3})^n$

$1 - (\frac{2}{3})^n > 0,95$, $(\frac{2}{3})^n < 0,05$, $n > \frac{\log 0,05}{\log(\frac{2}{3})} \approx 7,38$, $n \geq 8$

Man muss mindestens 8–mal würfeln.

d) $x^2 + bx + c = 0$ ist lösbar, wenn $\frac{b^2}{4} - c \geq 0$ gilt.

Für b und c sind die Zahlen 1 und 2
möglich, daher erhält man:

b	c	$\frac{b^2}{4} - c$
1	1	−0,75
1	2	−1,75
2	1	0
2	2	−1

Nur im Fall $b = 2$ und $c = 1$ ist die zugehörige quadratische Gleichung lösbar.

Dieser Fall tritt mit der Wahrscheinlichkeit von $p = \frac{2}{3} \cdot \frac{1}{3} = \frac{2}{9} \approx 22,22\%$ ein.

2. a) $p = 0,93$, $n = 7$

$P(A) = P(X = 7) = 0,93^7 \approx 0,6017 = 60,17\%$

$P(B) = 0,93^4 \cdot 0,07^3 \approx 0,0003 = 0,03\%$

$P(C) = (\frac{7}{2}) \cdot 0,93^5 \cdot 0,07^2 \approx 0,0716 = 7,16\%$

$P(D) = 0,93^6 \cdot 0,07 + 0,93^6 \cdot 0,07 \approx 0,0906 = 9,06\%$

b) $n = 9$, $p = 0,6017$, $k = 7, 8, 9$

$P(X \geq 7) = (\frac{9}{7}) \cdot 0,6017^7 \cdot 0,3983^2 + (\frac{9}{8}) \cdot 0,6017^8 \cdot 0,3983 + (\frac{9}{9}) \cdot 0,6017^9 \approx 23,5\%$

c) $n = 2000$, $p = 0,93$; $E(X) = 2000 \cdot 0,93 = 1860$

d) $\sigma(X) = \sqrt{V(X)} = \sqrt{n \cdot p \cdot (1-p)} = \sqrt{2000 \cdot 0,93 \cdot 0,07} \approx 11,41$

3. $n = 10$, $p = \frac{1}{5}$ (schwarze Kugel)

a) $E(X) = n \cdot p = 10 \cdot \frac{1}{5} = 2$

b) $P(A) = (\frac{10}{2}) \cdot (\frac{1}{5})^2 \cdot (\frac{4}{5})^8 = 0,3020$

$P(B) = \frac{1}{5} \cdot (\frac{4}{5})^9 = 0,0268$

$P(C) = (\frac{10}{4}) \cdot (\frac{1}{5})^4 \cdot (\frac{4}{5})^6 = 0,0881$

$P(D) = 1 - 0,1074 - 0,2684 = 0,6242$

$P(E) = 0,1074 + 0,2684 + 0,3020 = 0,6778$

c) Die zu erfüllende Bedingung lautet:

$1 - (\frac{4}{5})^n \geq 0,95$

$\Leftrightarrow \quad 0,05 \geq 0,8^n$

$\Rightarrow \quad n \geq \frac{\ln 0,05}{\ln 0,8} \approx 13,4$

mindestens 14 Kugeln ziehen

d) $X = $ Auszahlung

$E(X) = (\frac{10}{9}) \cdot (\frac{4}{5})^9 \cdot \frac{1}{5} \cdot 4 + (\frac{10}{10}) \cdot (\frac{4}{5})^{10} \cdot 8$

$= 1,93$ Euro

Faires Spiel bei 1,93 Euro Einsatz.

4. a) $p = 0,7$ (Trefferwahrscheinlichkeit)   283

$P(4 \text{ von } 8) = \binom{8}{4} \cdot 0,7^4 \cdot 0,3^4 = B(8;0,7;4) \approx 0,1361 = 13,61\%$

$P(8 \text{ von } 16) = \binom{16}{8} \cdot 0,7^8 \cdot 0,3^8 = B(16;0,7;8) = F(16;0,7;8) - F(16;0,7;7)$

$\approx (1 - 0,9256) - (1 - 0,9743) = 0,0487 = 4,87\%$

also sind 4 von 8 wahrscheinlich

b) $P(\text{mindestens } 4 \text{ von } 8) = B(8; 0,7; 4) + ... + B(8; 0,7; 8)$

$= 1 - F(8;0,7;3) \approx 1 - (1 - 0,9420) = 0,942 = 94,2\%$

$P(\text{mindestens } 8 \text{ von } 16) = B(16; 0,7\ 8) + ... + B(16; 0,7; 16)$

$= 1 - F(16;0,7;7) \approx 1 - (1 - 0,9743) = 0,9743 = 97,43\%$

also sind mindestens 8 von 16 wahrscheinlich

c) $P(\text{mindestens 1 Treffer}) = 1 - P(\text{kein Treffer}) = 1 - \overline{p}^3$

$1 - \overline{p}^3 \geq 0,9 \quad , \quad \overline{p}^3 \leq 0,1 \quad , \quad \overline{p} \leq \sqrt[3]{0,1} \approx 0,4642 \quad , \quad 1 - p \leq 0,4642 \quad , \quad p \geq 0,5358$

Die Trefferwahrscheinlichkeit des Schützen muss mindestens 53,58 % betragen.

5. a) $n = 10$, $p(1 \text{ Treffer}) = 0,1$, $p(5 \text{ Treffer}) = 0,3$, $p(7 \text{ Treffer}) = 0,6$

$P(A) = B(10;0,1;0) + B(10;0,1;1) = \binom{10}{0} \cdot 0,1^0 \cdot 0,9^{10} + \binom{10}{1} \cdot 0,1 \cdot 0,9^9$

$\approx 0,3487 + 0,3874 = 0,7361 = 73,61\% \text{ (oder Tabelle)}$

$P(B) = P(X \geq 1) = 1 - B(10;0,3;0) = 1 - \binom{10}{0} \cdot 0,3^0 \cdot 0,7^{10} = 97,18\%$

$P(C) = B(10;0,6;6) = \binom{10}{6} \cdot 0,6^6 \cdot 0,4^4 \approx 0,2508 = 25,08\%$

$P(D) = B(10; 0,6; 6) + B(10;0,6;7) + ... + B(10; 0,6; 10)$

$= \binom{10}{6} \cdot 0,6^6 \cdot 0,4^4 + \binom{10}{7} \cdot 0,6^7 \cdot 0,4^3 + ... + 0,6^{10} \approx 0,6331 = 63,31\%$

$P(E) = \binom{9}{4} \cdot 0,6^4 \cdot 0,4^5 \cdot 0,6 \approx 0,1003 = 10,03\%$

b) $X = $ Anzahl der Fünfen ist binomialverteilt mit $p = 0,3$ und $n = 10$.
Daher gilt für den Erwartungswert:

$E = 0,3 \cdot 10 = 3$ Fünfen sind im Durchschnitt zu erwarten.

c) $X = $ Auszahlung

x_i	100	50	10	0
$P(X = x_i)$	$0,1^3$	$0,3^3$	$0,6^3$	$1 - (0,1^3 + 0,3^3 + 0,6^3)$

$E(X) = 100 \cdot 0,1^3 + 50 \cdot 0,3^3 + 10 \cdot 0,6^3 + 0 = 3,61 < 4$

Das Spiel ist für den Spieler ungünstig, er verliert im Durchschnitt 39 Cent pro Spiel.

d) Bei einem Einsatz von 3,61 Euro pro Spiel wäre das Spiel aber fair.

283

6. a) $p(\text{defekt}) = 0,1$, $n = 20$

$P(A) = \binom{20}{5} \cdot 0,1^5 \cdot 0,9^{15} = B(20;0,1;5) \approx 0,0319 = 3,19\%$

$P(B) = \binom{20}{0} \cdot 0,1^0 \cdot 0,9^{20} + \binom{20}{1} \cdot 0,1 \cdot 0,9^{19} + \binom{20}{2} \cdot 0,1^2 \cdot 0,9^{18} \approx 0,6769$

$P(C) = 0,9^{20} \approx 0,1216 = 12,16\%$

$P(D) = B(20;0,1;2) + ... + B(20;0,1;5)$

$\quad = \binom{20}{2} \cdot 0,1^2 \cdot 0,9^{18} + ... + \binom{20}{5} \cdot 0,1^5 \cdot 0,9^{15} \approx 0,5970 = 59,7\%$

$P(E) = 1 - P(B) \approx 0,3231 = 32,31\%$

b) X = Anzahl der defekten Bauteile
X ist binomialverteilt mit $n = 20$, $p = 0,1$. Daher gilt:
$\mu = E(X) = n \cdot p = 20 \cdot 0,1 = 2$ Es sind 2 defekte Bauteile zu erwarten.

c) P(mindestens 1 def. Bauteil unter n Teilen) = 1-P(kein def. Bauteil unter n Teilen)
$1 - 0,9^n \geq 0,99$, $0,9^n \leq 0,01$, $n \geq \frac{\log 0,01}{\log 0,9} \approx 43,7$, $n \geq 44$
Man muss mindestens 44 Bauteile entnehmen.

7. a) X sei die Anzahl der Ausschussstücke in der Stichprobe vom Umfang $n = 100$.
$p = 0,04$ sei der Ausschussanteil.
$\mu = 100 \cdot 0,04 = 4 \Rightarrow$ Im Mittel sind 4 fehlerhafte Stücke in der Stichprobe vom Umfang
100 zu erwarten.
$P(X = 4) = B(100;0,04;4) = \binom{100}{4} \cdot 0,04^4 \cdot 0,96^{96} = F(100;0,04;4) - F(100;0,04;3)$
$\quad \approx 0,6289 - 0,4295 = 0,1994 = 19,94\%$

b) Berechnung der Wahrscheinlichkeit für einen Umtauschprozess:
$P(5 \leq X \leq 6) = F(100;0,04;6) - F(100;0,04;4) \approx 0,8936 - 0,6289 = 26,47\%$

c) Y sei die Anzahl der Umtauschprozesse bei $n = 200$ Lieferungen.
$p = 0,2647$ ist die Wahrscheinlichkeit für einen Umtauschprozess.
$E(Y) = n \cdot p = 200 \cdot 0,2647 = 52,94 \approx 53$ Umtauschprozesse

284

8. a) $n = 20$; $p = \frac{1}{3}$

$P(A) = \binom{20}{6} \cdot \left(\frac{1}{3}\right)^6 \cdot \left(\frac{2}{3}\right)^{14} \approx 0,1821$

$P(B) = 1 - P(X \leq 6) \approx 1 - 0,4793 = 0,5207$

$P(C) = P(X \leq 8) - P(X \leq 3) \approx 0,8095 - 0,0604 = 0,7491$

b) P(min. eine 6) = 1 - P(keine 6) = $1 - \left(\frac{2}{3}\right)^n \geq 0,85$ $\Leftrightarrow$ $\left(\frac{2}{3}\right)^n \leq 0,15$, $n \geq \frac{\ln 0,15}{\ln \frac{2}{3}} \approx 4,67$

Der Würfel muss mindestens 5-mal geworfen werden.

c) X: Gewinn / Verlust von Moritz

x_i	-1	2
$P(X = x_i)$	$\frac{13}{18}$	$\frac{5}{18}$

$E(X) = -\frac{1}{6}$

Das Spiel ist ungünstig für Moritz.

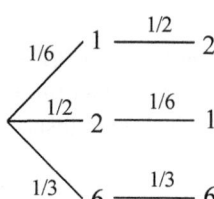

9. a) $P(A) = \frac{18}{20} \cdot \frac{17}{19} \approx 0,8053 \approx 80,53\%$, $P(B) = 0,853^5 \approx 33,86\%$

    b) Aus $P(F_1 \cup F_2) = 0,1$ erhält man $p_1 = 0,025$.

       Aus $P(F_1 \cap F_2) = 0,01 = P(F_1) + P(F_2) - P(F_1 \cap F_2)$
                                       $= 0,04 + P(F_2) - 0,001$

       erhält man $P(F_2) = 0,061$ und $p_2 = 0,0625$.

       Wegen $P_{F_1}(F_2) = 0,025 \neq P(F_2)$

       sind die Fehler stochastisch nicht unabhängig.

    c) $E(X) = 10$; $V(X) = 9$; $\sigma(X) = 3$

    d) $P(7 \leq X \leq 13) = P(X \leq 13) - P(X \leq 6) \approx 0,8761 - 0,1172 = 0,7589$ $(p = 0,1$; $n = 100)$

10. a) $P(A) = P(RSW) = \frac{2}{20} \cdot \frac{10}{20} \cdot \frac{8}{20} = \frac{160}{20^3} = 0,02 = 2\%$

       $P(B) = P(RRR) + P(SSS) + P(WWW) = \frac{2^3}{20^3} + \frac{10^3}{20^3} + \frac{8^3}{20^3} = 19\%$

       $P(C) = P(WWW) + P(\{W, W, X\}) + P(\{W, X, X\})$

            $= \frac{8^3}{20^3} + 3 \cdot \frac{8^2 \cdot 12}{20^3} + 3 \cdot \frac{12^2 \cdot 8}{20^3} = 0,784 = 78,4\%$

       $P(D) = \frac{1}{2}$

    b) P(mindestens 1 rote K.) = 1 - P(keine rote K.) = $1 - (\frac{18}{20})^n = 1 - 0,9^n$

       $1 - 0,9^n \geq 0,9$, $0,9^n \leq 0,1$, $n \geq \frac{\log 0,1}{\log 0,9} \approx 21,85$, $n \geq 22$

       Es müssen mindestens 22 Kugeln gezogen werden.

    c) $n = 50$; $p = \frac{8}{20} = 0,4$; $E(X) = 20$

       $P(18 \leq X \leq 22) = P(X \leq 22) - P(X \leq 17) \approx 0,7660 - 0,2369 = 0,5291$

1. a) Es gibt 8 Pfade.   b) 3 Pfade führen zu Kasten Nr. 2.

    c)

x_i	0	1	2	3
$P(X = x_i)$	$\frac{1}{8}$	$\frac{3}{8}$	$\frac{3}{8}$	$\frac{1}{8}$

(x_i: Kastennummer)

    d) $P(X = 0) + P(X = 3) = \frac{1}{4}$ e)

x_i	0	1	2	3
$P(X = x_i)$	0,064	0,288	0,432	0,216

                                          $P(X = 0) + P(X = 3) = 0,28$

2. a) Mit 1.c) $p = \frac{3}{8} = 0,375$

    b) $n = 10$; $p = 0,375$; $k = 4$; $P(X = 4) = \binom{10}{4} \cdot 0,375^4 \cdot 0,625^6 \approx 0,2475$

    c) $n = 10$; $p = 0,375$; $k = 0, 1, 2, 3$; $P(X \leq 3) \approx 0,4467$

    d) Ereignis A: $n = 10$; $k = 2$; $p = 0,125$; $P(A) \approx 0,2416$

       Ereignis B: $n = 10$; $k = 10$; $p = 0,875$; $P(B) \approx 0,2631$

284

287

287   3. I. a) Es gibt 64 Wege.

b) P(Maus erreicht Karotte) $= \frac{5 \cdot 2^4}{3^5} \approx 0,329$

P(Maus erreicht Walnuss) $= \left(\frac{2}{3}\right)^6 \approx 0,088$

c) P(Maus erreicht Erdbeere) $= 6 \cdot \frac{2}{3}\left(\frac{1}{3}\right)^5 \approx 0,016$

P(Maus erreicht Futter) $\approx 0,433$

II. a) $n = 10$; $k \geq 5$; $p = \frac{4}{3^5}$; P$(X \geq 5) \approx 0,0000003$

b) P(keine von n Mäusen findet die Erdbeere) $= \left(\frac{239}{243}\right)^n$

P(mindestens eine von n Mäusen findet die Erdbeere) $= 1 - \left(\frac{239}{243}\right)^n$

$1 - \left(\frac{239}{243}\right)^n \geq 0,99$ $\Leftrightarrow$ $\left(\frac{239}{243}\right)^n \leq 0,01$; $n \geq \frac{\ln 0,01}{\ln \frac{239}{243}} \approx 277,5$

Es müssen mindestens 278 Mäuse durch das Labyrinth geschickt werden.

Test

1. a) $n = 10$; $p = 0,4$; $k = 5$; $P(X=5) = B(10; 0,4; 5) = \binom{10}{5} \cdot 0,4^5 \cdot 0,6^5 = 0,2007$

   b) $n = 10$; $p = 0,4$; $k \leq 2$

   $P(X \leq 2) = B(10;0,4;0) + B(10;0,4;1) + B(10;0,4;2)$

   $\qquad = \binom{10}{0} \cdot 0,4^0 \cdot 0,6^{10} + \binom{10}{1} \cdot 0,4^1 \cdot 0,6^9 + \binom{10}{2} \cdot 0,4^2 \cdot 0,6^8$

   $\qquad = 0,00605 + 0,0403 + 0,1209 = 0,1673$

   c) $P(X \leq 8) = 1 - P(x > 8)$

   $\qquad = 1 - B(10;0,4;9) - B(10;0,4;10) = 1 - \binom{10}{9} \cdot 0,4^9 \cdot 0,6 - 0,4^{10} \approx 0,998$

   d) E_1:"erster Treffer im 10. Versuch", $P(E_1) = 0,6^9 \cdot 0,4 = 0,0040$

2. $n = 6$; $p = \frac{1}{3}$

   a)
x_i	0	1	2	3	4	5	6
$P(X = x_i)$	0,0878	0,2634	0,3292	0,2195	0,0823	0,0165	0,0014

   b) $E(X) = 2$ c) $P(X \geq 4) = 0,0823 + 0,0165 + 0,0014 = 0,1002$

3. a) Wurfserie zu A: ZZZZ

   Wurfserien zu C: ZZKK ZKZK ZKKZ KZZK KZKZ KKZZ

   b) $P(E_1) = \frac{1}{16}$; $P(E_2) = \frac{6}{16}$; $P(E_3) = \frac{10}{16}$

   c) $n = 10$; $k = 3$; $p = \frac{3}{8}$; $P(X=3) = \binom{10}{3} \cdot \left(\frac{3}{8}\right)^3 \cdot \left(\frac{5}{8}\right)^7 = \frac{253125000}{2^{30}} \approx 0,2357$

   d) P(Spieler erreicht nie A bei n Spielen) $= \left(\frac{15}{16}\right)^n$

   P(Spieler erreicht mindestens einmal A bei n Spielen) $= 1 - \left(\frac{15}{16}\right)^n$

   $1 - \left(\frac{15}{16}\right)^n \geq 0,9 \quad \Leftrightarrow \quad \left(\frac{15}{16}\right)^n \leq 0,1, \quad n \geq \frac{\ln 0,1}{\ln \frac{15}{16}} \approx 35,68$

   Der Spieler muss mindestens 36-mal spielen.

288

Notizen

Notizen

Notizen

Notizen

Notizen